高职高专机电类专业系列教材

控制系统应用

——基于罗克韦尔PLC、变频器及触摸屏

邹显圣 主编　　　　　　　王　静　　张正男　　副主编

化学工业出版社

·北京·

内容简介

本书是辽宁省高水平职业院校和高水平专业群项目建设的成果，是多年校企深度融合的结晶，结合作者多年的高等职业教育教学经验，以装备制造行业、自动化相关企业岗位的实际技术需要为目标进行编写。

全书共 5 章，分别介绍 PowerFlex520 系列变频器、高速计数器、旋转编码器、PanelView800 系列图形终端（工业触摸屏）等基本知识，以 Micro850 控制器为核心，以变频器、2711R-T7T 工业触摸屏、旋转编码器等为执行电器，结合滚珠丝杠和温度风冷等典型被控对象，重点培养学生的 PLC 程序设计能力、变频器与工业触摸屏的应用能力、学生在生产实际中解决问题的工程能力。

本书为高等职业院校相应课程的教材，可作为开放大学、成人教育、自学考试、中职学校和培训机构的教材，以及工程技术人员的参考工具书。

本书配有免费的项目实践操作视频、所有项目实践 CCW 软件环境下的梯形图源程序、电子课件和习题参考答案，请有需要的读者联系化学工业出版社进行获取。

图书在版编目（CIP）数据

控制系统应用：基于罗克韦尔 PLC、变频器及触摸屏 /
邹显圣主编. —北京：化学工业出版社，2022.6(2025.5重印)
高职高专机电类专业系列教材
ISBN 978-7-122-40993-5

Ⅰ.①控⋯　Ⅱ.①邹⋯　Ⅲ.①PLC 技术-高等职业教育-教材②变频器-高等职业教育-教材③触摸屏-高等职业教育-教材　Ⅳ.①TM571.61②TN773③TP334.1

中国版本图书馆 CIP 数据核字（2022）第 046106 号

责任编辑：廉　静　王听讲　　　　　　　　　　装帧设计：王晓宇
责任校对：田睿涵

出版发行：化学工业出版社（北京市东城区青年湖南街 13 号　邮政编码 100011）
印　　装：三河市君旺印务有限公司
787mm×1092mm　1/16　印张 12　字数 292 千字　2025 年 5 月北京第 1 版第 4 次印刷

购书咨询：010-64518888　　　　　　　　　　售后服务：010-64518899
网　　址：http://www.cip.com.cn
凡购买本书，如有缺损质量问题，本社销售中心负责调换。

定　　价：39.00 元　　　　　　　　　　　　　　版权所有　违者必究

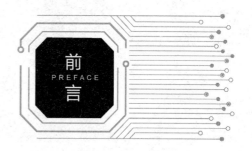

前言
PREFACE

　　本书是根据辽宁省高水平职业院校和高水平专业群建设项目成果的课程标准及模式，结合罗克韦尔自动化中国大学建设项目所捐赠的自动化控制设备，以大连职业技术学院罗克韦尔智能制造协同创新中心为平台，并针对学生的职业能力和创新能力培养的要求而编写的教材。

　　本书打破了传统的学科式教材模式，以能力培养为重点构建项目实践教学内容，所选用的实践项目均由企业工程技术人员与高等职业院校专业教师，结合装备制造行业及自动化类企业工作岗位的实际情况，精心挑选，具有广泛的代表性和创新性，能够满足课程知识点的要求，更能够满足学生专业能力培养的要求。参与编写的人员有高等职业院校的教师，也有相关企业具有丰富经验的工程师，充分体现了高等职业院校教育校企融合、工学结合的特色，同时也对培养符合社会和企业所需要的高技能技术应用型人才进行了广泛的探索。

　　本书实用性强、内容通俗易懂、易于理论实践一体化的教学，可作为高等职业院校电气自动化技术、机电一体化技术、工业机器人技术等专业的教材，也可作为工程技术人员的参考工具书。

　　本书由大连职业技术学院邹显圣担任主编，由大连职业技术学院王静和大连锂工科技有限公司的张正男工程师担任副主编，参加编写的还有大连职业技术学院的张也。本书第1章的1.1、1.2和1.3由张也编写；第1章（除由张也编写的内容之外）、第2章、第3章、第4章的4.2和4.4由邹显圣编写；第4章的4.1由王静编写；第4章的4.3和第5章由张正男编写。罗克韦尔自动化中国大学项目部和大连锂工科技有限公司的多位工程师一直关注本书的出版，对本书提出了大量宝贵意见的同时还给予了我们各方面的帮助，在此表示最诚挚的谢意。

　　本书配有免费的实践应用操作视频，所有实践应用 CCW 软件环境下的梯形图源程序、电子课件和习题参考答案，请有需要的读者联系化学工业出版社 704686202@qq.com 索取。

　　由于编者水平有限，书中难免存在疏漏之处，敬请广大读者批评指正。

编　者

2021 年 12 月

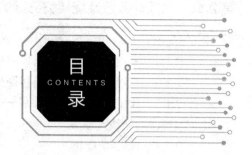

目录

CONTENTS

第1章　PowerFlex520 系列变频器在调速系统中的应用 ……………………001

1.1　PowerFlex520 系列变频器相关理论知识 …………………………001
1.1.1　PowerFlex520 系列变频器概述 ………………………001
1.1.2　PowerFlex525 交流变频器的产品目录号及说明 ………………003
1.2　PowerFlex525 交流变频器的电源和控制模块 …………………004
1.2.1　分离电源模块和控制模块 …………………………004
1.2.2　连接电源模块和控制模块 …………………………005
1.2.3　控制模块盖板 …………………………………006
1.2.4　电源模块端子保护罩 ……………………………007
1.2.5　电源接线与电源端子块 …………………………008
1.3　PowerFlex525 交流变频器的硬件接线 …………………………008
1.3.1　变频器控制端子接线 ……………………………008
1.3.2　PowerFlex525 交流变频器的启动准备 …………………011
1.3.3　PowerFlex525 交流变频器的键盘操作 …………………012
1.4　PowerFlex525 交流变频器与工控机之间的以太网通信 …………015
1.4.1　通过以太网设置变频器 IP 地址 ………………………015
1.4.2　通过变频器面板手动设置变频器 IP 地址 ………………024
1.4.3　修改变频器 IP 地址 ……………………………032
1.5　变频器自定义功能块 …………………………………042
1.5.1　变频器自定义功能块简介 …………………………042
1.5.2　RA_PFx_ENET_STS_CMD 自定义功能块参数说明 …………042
1.6　变频器应用 …………………………………………044
1.6.1　不同频率下的三相异步电动机正反转控制 ………………044
1.6.2　三相异步电动机的多段速控制 ………………………054
习题 1 ………………………………………………………058

第2章　高速计数器及旋转编码器的应用 ·····································059

2.1　高速计数器相关理论知识 ·····································059
2.1.1　高速计数器和可编程限位开关 ·····························059
2.1.2　高速计数器的功能和操作 ·································060
2.1.3　HSC 输入和接线映射 ····································061
2.2　HSC 功能块及参数 ···062
2.2.1　HSC 功能块 ··062
2.2.2　HSC_SET_STS 功能块 ··································070
2.3　旋转编码器 ···071
2.4　高速计数器及旋转编码器的应用 ·····························073
2.4.1　项目实践题目 ··073
2.4.2　预备知识 ···073
2.4.3　具体操作步骤 ··074
习题 2 ···077

第3章　PanelView800 系列图形终端的应用 ·····················078

3.1　PanelView800 系列图形终端相关理论知识 ··················078
3.1.1　2711R-T7T 工业触摸屏简介 ····························078
3.1.2　PanelView800 系列图形终端产品目录号 ················079
3.2　2711R-T7T 工业触摸屏概述 ······························080
3.2.1　关于 USB 和以太端口的说明 ·························081
3.2.2　2711R-T7T 工业触摸屏终端配置 ····················081
3.3　2711R-T7T 工业触摸屏与工控机之间的通信 ··············095
3.4　在 CCW 下配置触摸屏 ······································099
3.5　触摸屏应用 ···108
3.5.1　用触摸屏实现三相异步电动机的启动与停止 ············108
3.5.2　用触摸屏实现交通信号灯系统的控制 ··················133
3.5.3　用触摸屏实现三相异步电动机多段速控制 ·············142
习题 3 ···151

第4章　滚珠丝杠滑台被控对象的应用 ·····························152

4.1　滚珠丝杠滑台被控对象相关理论知识 ·······················152
4.1.1　滚珠丝杠简介 ··152
4.1.2　滚珠丝杠滑台被控对象的组成 ·······················153
4.2　滑台从任意位置回坐标原点控制 ···························153
4.2.1　项目实践名称 ··153
4.2.2　控制要求 ···154
4.2.3　项目实践步骤 ··154

4.3　滑台从当前位置移动到指定位置的控制 ·············· 158

4.4　滑台循环往复运动并自动返回原点控制 ·············· 164

习题 4 ··· 174

第 5 章　温度风冷被控对象的应用 ·························· 175

5.1　温度风冷过程控制相关理论知识 ···················· 175

5.1.1　温度风冷控制对象产品 ······················· 175

5.1.2　温度风冷被控对象功能解析 ··················· 176

5.2　基于模拟量 PLC 的温度风冷过程控制 ················ 176

习题 5 ··· 182

参考文献 ··· 183

PowerFlex520系列变频器在调速系统中的应用

1.1 PowerFlex520 系列变频器相关理论知识

1.1.1 PowerFlex520 系列变频器概述

1.1.1.1 PowerFlex520 变频器简介

Allen-Bradley PowerFlex520 系列交流变频器是新一代紧凑型变频器，功能多样，具有省时优势，有助于满足世界各地的广泛应用。PowerFlex520 系列交流变频器集创新型设计、多种电机控制选项、安装灵活、通信、节能、易于编程等优势于一身，有助于提高系统性能和缩短设计时间。

PowerFlex525 交流变频器是 PowerFlex520 系列交流变频器中的一款典型产品，它是罗克韦尔公司的新一代交流变频器产品，非常适合联网和简单的系统集成，其标准特性包括嵌入式 Ethernet/IP、安全性以及高达 22kW 的性能。它将各种电机控制选项、通讯、节能和标准安全特性组合在一个高性价比变频器中，适用于从单机到简单系统集成的多种系统应用。本书将以 PowerFlex525 交流变频器作为学习的重点进行介绍。

1.1.1.2 PowerFlex525 交流变频器主要特点

① 功率额定值。PowerFlex525 交流变频器功率额定值为 0.4～22kW，可以满足全球 100～600V 的不同电压等级要求；

② 模块化设计采用创新的可拆卸控制模块，可以同步安装和配置，有助于提高生产率；

③ PowerFlex525 交流变频器的 Ethernet/IPTM 嵌入式端口支持无缝集成到 Logix 环境和

Ethernet/IP 网络；

④ 可选双端口 Ethernet/IP 卡支持环形拓扑和设备级环网（DLR）功能，可以提高网络弹性；

⑤ PowerFlex525 交流变频器可通过安全断开扭矩功能保护人员安全；

⑥ 软件和工具有助于简化编程；

⑦ 集成的人机界面模块（HIM）支持多种语言，并具有描述性 QuickView™ 滚动文本功能，有助于解释参数和代码，从而简化配置；

⑧ AppView™ 应用参数组有助于加快多种常见应用的配置速度；

⑨ CustomView™ 配置可通过自定义参数组加快机器的调试速度；

⑩ 节能控制模式和能源监视功能有助于降低能源成本；

⑪ 变频器可以在−20～50℃的环境温度下运行。如果具备电流降额特性和控制模块风扇套件，工作温度最高可达 70℃；

⑫ 多种电机控制选项支持多种应用；

⑬ 外形小巧，安装灵活，有助于节省面板内的空间。

1.1.1.3　PowerFlex525 交流变频器特性

（1）模块化设计

① 可拆卸式控制模块和电源模块可以让用户边配置边安装；

② 各型号变频器整个功率范围内的所有产品均采用标准控制模块；

③ MainsFree™ 配置允许使用标准 USB 电缆，简化了控制模块与 PC 之间的连接，可快速上传、下载和更新变频器的新设置；

④ 支持两个附件卡，不会增加占用空间。

（2）封装和安装

① 对于 A、B 和 C 型框架变频器，可利用 DIN 导轨安装特性快捷方便地完成安装。同时支持面板安装方式，以增加安装灵活性；

② 当环境温度在 45℃ 以下时，可通过零间距叠加方式节省宝贵的面板空间；

③ 所有 200V 和 400V 级别变频器均采用集成滤波器，经济实用，同时符合 EN61800-3 C2 和 C3 类电磁兼容性要求。而外部滤波器则可确保所有级别的 PowerFlex520 系列变频器均符合 EN61800-3 C1、C2 和 C3 类电磁兼容性要求；

④ 可选的 IP30，NEMA/UL 类型 1 导轨槽可方便地适应标准 IP20（NEMA 开放型）产品，提供更高的环境等级。

（3）优化性能

① 在不接地配电系统中，可拆卸的 MOV 接地可确保安全无故障运行；

② 预充电继电器可抑制浪涌电流；

③ 所有级别型号均采用集成的制动晶体管，以简单、低成本的制动电阻提供动态制动功能；

④ 采用跳线切换 24VDC 灌入式或拉出式控制，实现灵活的控制接线；

⑤ 为功率大于 11kW 的变频器提供两个过载额定值。标准负载：110%过载持续 60s，或 150%过载持续 3s。重载：150%过载持续 60s，或 180%过载（可设为 200%）持续 3s，提供

强大的过载保护能力。

⑥ 可调节 PWM 频率高达 16kHz，确保安静运行。

1.1.2 PowerFlex525 交流变频器的产品目录号及说明

PowerFlex525 交流变频器的目录号及说明如图 1-1 所示。

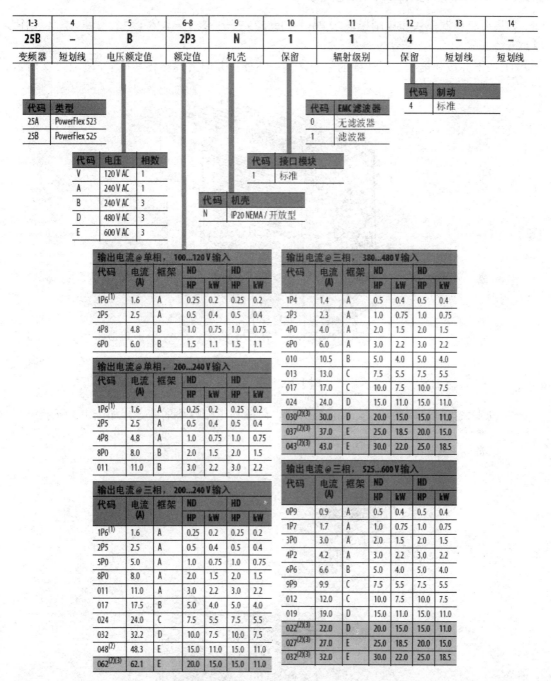

图 1-1　PowerFlex525 交流变频器的产品目录号及说明

1.2 PowerFlex525 交流变频器的电源和控制模块

PowerFlex525 交流变频器由一个电源模块和一个控制模块组成。

1.2.1 分离电源模块和控制模块

如果要将电源模块和控制模块从 PowerFlex525 交流变频器本体上进行分离，具体操作步骤如下。

① 按下并按住框架盖板两侧的掣子，然后往外拉并向上翻转将其拆下，如图 1-2 所示。

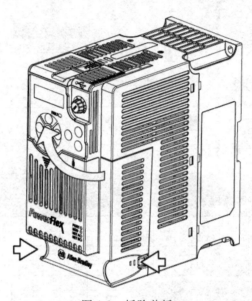

图 1-2　拆除盖板

② 向下按控制模块的顶盖，并向往外滑，解除与电源模块的锁定，如图 1-3 所示。

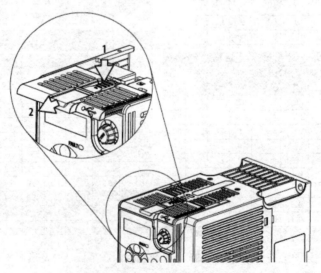

图 1-3　解除与电源模块的锁定

③ 牢牢按住控制模块侧边和顶部，往外拉，将其与电源模块分开，如图1-4所示。

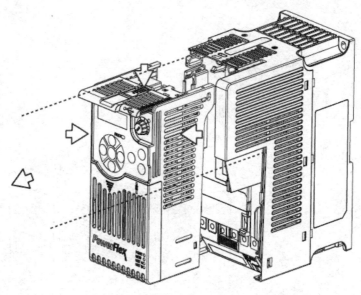

图1-4　控制模块与电源模块分开

1.2.2　连接电源模块和控制模块

如果要将拆分之后的电源模块和控制模块合并成为PowerFlex525交流变频器整体，具体操作步骤如下。

① 对齐电源模块和控制模块上的连接器，然后将控制模块紧紧地推到电源模块上，如图1-5所示。

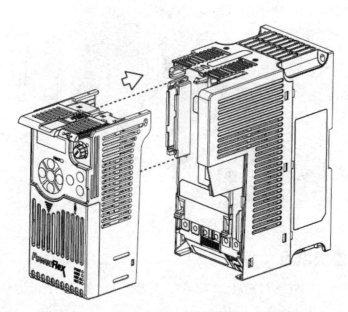

图1-5　对齐电源模块和控制模块上的连接器

② 朝电源模块推动控制模块的顶盖，将其锁定，如图1-6所示。

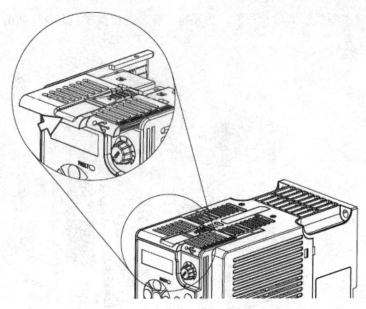

图 1-6　推动控制模块的顶盖

③ 将框架盖板顶部的掣子插入到电源模块中，然后转动框架盖板，将侧边掣子啮合到电源模块上，如图 1-7 所示。

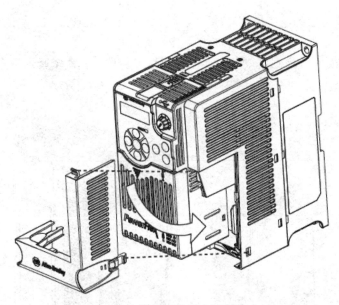

图 1-7　将掣子插入到电源模块中

1.2.3　控制模块盖板

要操作控制端子、DSI 端口和以太网端口，必须拆除前盖板。拆除方法如图 1-8 所示。

① 按下并按住盖板正面的箭头；

② 向下滑动前盖板，将其从控制模块上拆下；

③ 完成接线后，重新装上前盖板。

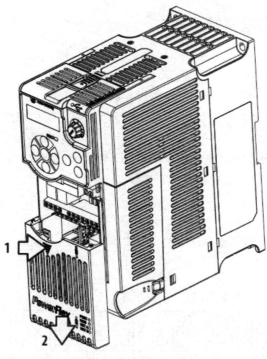

图 1-8　拆除前盖板

1.2.4　电源模块端子保护罩

要操作电源端子，必须拆除端子保护罩，拆除方法如图 1-9 所示。

① 按下并按住框架盖板两侧的揫子，然后往外拉并向上翻转将其拆下；

② 按下并按住端子保护罩上的锁销；

③ 向下滑动端子保护罩，将其从电源模块上拆下；

④ 完成接线后，重新装上端子保护罩。

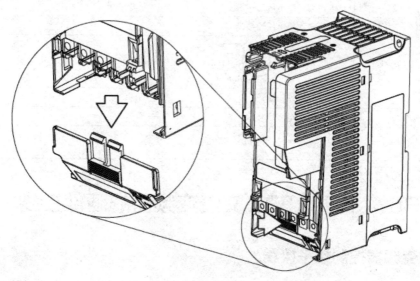

图 1-9　拆除电源模块端子保护罩

1.2.5 电源接线与电源端子块

（1）电源接线及注意事项

① 安装时必须遵照导线类型、导体规格、分支电路保护和切断装置的相关规范进行。未按规范进行操作，可能会导致人身伤害或设备损坏。

② 为避免感应电压可能造成的电击危险，导管中不使用的电线必须两端接地。出于同样的原因，如果正在维修或安装与其他变频器共用一个导管的变频器，则必须禁用所有使用此导管的变频器。这有助于将"交叉耦合"电源引线可能导致的电击危险降至最低。

③ 只能使用铜导线。导线规格要求和建议基于 75℃的工作温度，在使用更高温度的导线时，不要降低导线规格。

（2）电源端子块

PowerFlex525 交流变频器电源端子块，如图 1-10 所示，电源端子块中各个端子的具体功能见表 1-1。

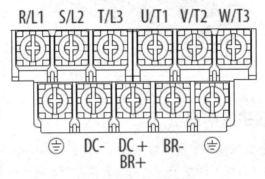

图 1-10　电源端子块

表 1-1　电源端子块中各个端子具体功能说明

端子	描述
R/L1，S/L2	单相输入线电压连接端
R/L1，S/L2，T/L3	三相输入线电压连接端
U/T1，V/T2，W/T3	电机相连接端　交换任意两条电机引线更换前进方向
DC+，DC-	直流母线连接端
BR+，BR-	动态制动电阻连接端
⏚	安全接地-PE

1.3 PowerFlex525 交流变频器的硬件接线

1.3.1 变频器控制端子接线

PowerFlex525 交流变频器的控制 I/O 端子接线方式如图 1-11 所示，各端子说明见表 1-2。

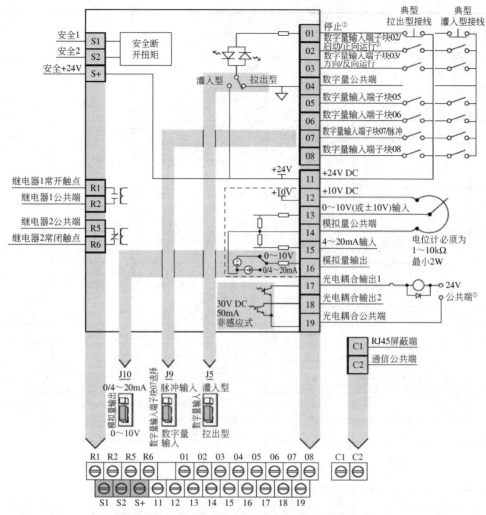

图 1-11　PowerFlex525 交流变频器的控制端子接线图

注：① I/O 端子 01 始终作为停止输入，停止模式由变频器设置来决定。

② 变频器装运时在 I/O 端子 01 和 11 之间安装了跳线，将 I/O 端子 01 用作停止或使能输入时需移除该跳线。

表 1-2　PowerFlex525 交流变频器控制 I/O 端子

编号	信号	默认值	描述	参数
R1	继电器 1 常开	故障	输出继电器常开触点	t076
R2	继电器 1 公共端	故障	输出继电器的公共端	
R5	继电器 2 公共端	电机运行	输出继电器的公共端	t081
R6	继电器 2 常闭	电机运行	输出继电器常闭触点	
01	停止	惯性	三线停止。它在所有输入模式下均行使停止功能，且无法禁用	P045
02	数字量输入端子 02/启动/正向运行	正向运行	用于启动运动，也可用作可编程数字量输入。可通过 t062［数字量输入端子块 02］将其编程为三线（启动/带停止的方向）或双线（正向运行/反向运行）控制。电流消耗为 6mA	P045，P046，P048，P050，A544，t062

编号	信号	默认值	描述	参数
03	数字量输入端子块 03/方向/反向运行	反向运行	用于启动运动，也可用作可编程数字量输入。可通过 t063［数字量输入端子块 03］将其编程为三线（启动/带停止的方向）或双线（正向运行/反向运行）控制。电流消耗为 6mA	t063
04	数字量公共端	—	返回到数字量 I/O。与变频器其余部分（以及数字量 I/O）电气隔离	—
05	数字量输入端子块 05	预设频率	通过 t065［数字量输入端子块 05］设定 电流消耗为 6mA	t065
06	数字量输入端子块 06	预设频率	通过 t066［数字量输入端子块 06］设定 电流消耗为 6mA	t066
07	数字量输入端子块 07/脉冲输入	启动源 2+速度基准值 2	通过 t067［数字量输入端子块 07］设定。也用作基准或速度反馈的"脉冲序列"输入。最大频率为 100kHz。电流消耗为 6mA	t067
08	数字量输入端子块 08	正向点动	通过 t068［数字量输入端子块 08］设定。电流消耗为 6mA	t068
C1	C1	—	该端子连接到 RJ-45 端口屏蔽层。使用外部通信设备时，应将该端子接到洁净的接地端，以增强抗扰度	—
C2	C2	—	这是通信信号的信号公共端	—
S1	安全 1	—	安全输入 1。电流消耗为 6mA	—
S2	安全 2	—	安全输入 2。电流消耗为 6mA	—
S+	安全+24V	—	安全电路+24V 电源。内部连接到+24V DC 拉出式电源（引脚 11）	—
11	+24V DC	—	以数字量公共端为基准。变频器供电的数字量输入电源。最大输出电流为 100mA	—
12	+10V DC	—	以模拟量公共端为基准。变频器供电的 0～10V 外部电位器电源。最大输出电流为 15mA	P047，P049
13	±10V 输入	无效	用于外部 0～10V（单极性）或±10V（双极性）输入电源或电位器滑动臂。输入阻抗：电压源=100kΩ；允许的电位器阻抗范围=1～10kΩ	P047 P049 t062 t063 t065 t066 t093 A459 A471
14	模拟量公共端	—	返回到模拟量 I/O。与变频器其余部分（以及模拟量 I/O）电气隔离	—
15	4～20mA 输入	无效	用于外部 4～20mA 输入电源。输入阻抗=250Ω	P047 P049 t062 t063 t065 t066 A459．A471
16	模拟量输出	输出频率 0～10	默认模拟量输出为 0～10V。要转换电流值，将模拟量输出跳线更改为 0～20mA。通过 t088［模拟量输出选择］设定。最大模拟值可通过 t089［模拟量输出上限］来设定。最大负载：4～20mA=525Ω（10.5V）；0～10V=1kΩ（10mA）	t088，t089

编号	信号	默认值	描述	参数
17	光电输出 1	电机运行	通过 t069［光电输出 1 选择］设定 每个光电输出的额定值都为 30V DC 50mA （非感应式）	t069 t070
18	光电输出 2	频率	通过 t072［光电输出 1 选择］设定 每个光电输出的额定值都为 30V DC 50mA （非感应式）	t072 t073 t075
19	光电公共端	—	光耦合器输出（1 和 2）的发射器在光耦合器公共端连接在一起。它们与变频器的其他部分电气隔离	—

在变频器所驱动的电动机启动之前，用户必须检查 PowerFlex525 交流变频器控制端子的接线，具体为：

① 检查并确认所有输入都连接到正确的端子且很安全；

② 检查并确认所有的数字量控制电源是 24V；

③ 检查并确认灌入（SNK）/拉出（SRC）DIP 开关的设置与用户控制接线方式相匹配。

注意：默认状态 DIP 开关为拉出（SRC）状态。I/O 端子 01（停止）和 11（+24V DC）短接，以允许从键盘启动。如果控制接线方式改为灌入（SNK），该短接线必须从 I/O 端子 01 和 11 间去掉，并安装到 I/O 端子 01 和 04 之间。

1.3.2　PowerFlex525 交流变频器的启动准备

当用户已经完成了 PowerFlex525 交流变频器硬件接线工作之后，就可以开始着手启动变频器了。为了保证变频器能够完成正常的启动工作，用户必须依次完成变频器启动任务的确认工作，具体的变频器启动任务如下。

① 断开机器电源并将其上锁；

② 验证断路装置上的交流线路电源是否处于变频器的额定值范围内；

③ 如要更换变频器，应确认当前变频器的产品目录号，确认变频器上安装的所有选件；

④ 确认数字量控制电源均为 24V；

⑤ 检查接地、接线、连接和环境兼容性；

⑥ 确认已根据控制接线图正确设置灌入型（SNK）/拉出型（SRC）跳线；

⑦ 按应用的要求进行 I/O 接线；

⑧ 对电源输入和输出端子接线；

⑨ 确认所有输入都已连接到正确的端子并已安全固定；

⑩ 收集并记录电机铭牌和编码器或反馈设备信息，确认电机连接，即：电机是否已经脱开？应用要求电机朝哪个方向旋转？

⑪ 确认变频器的输入电压，确认变频器是否位于接地系统上。

⑫ 上电，并将变频器和通信适配器复位到出厂默认设置。

⑬ 配置与电机相关的基本程序参数。

⑭ 完成变频器的自整定过程。

⑮ 如要更换变频器，并具备使用 USB 实用程序获取的参数设置备份，则使用 USB 实用程序将备份应用到新变频器上。

⑯ 确认变频器和电机按指定方式运行。

⑰ 使用 USB 实用程序保存变频器设置备份。

PowerFlex525 交流变频器的出厂默认参数值允许通过键盘控制变频器，无需编程即可直接通过键盘启动、停止变频器、更改方向和控制速度。

1.3.3 PowerFlex525 交流变频器的键盘操作

PowerFlex525 交流变频器集成式键盘的外观如图 1-12 所示，菜单说明见表 1-3，各 LED 指示灯、控制键和导航键及功能说明见表 1-4 和表 1-5。

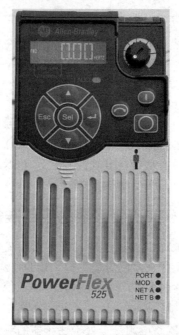

图 1-12 PowerFlex525 交流变频器键盘外观

表 1-3 菜单及功能说明

菜单	功能说明
b	基本显示 最常查看的变频器操作状态
P	基本程序 最常用的可编程功能
t	端子块 可编程端子功能
C	通信 可编程通信功能
L	逻辑 可编程逻辑功能
d	高级显示 变频器高级操作状态
A	高级程序 其余可编程功能

菜单	功能说明
N	网络 网络功能，仅在使用通信卡时显示
M	已修改 来自其他组中默认值已被更改的功能
f	故障和诊断 具体故障状态的代码列表
G	AppView 和 CustomView 来自其他组中根据特定应用组合在一起的功能

表 1-4　各指示灯说明

显示	显示状态	说明
ENET	关闭	适配器未连接到网络
	常亮	适配器已连接到网络，且变频器通过以太网进行控制
	闪烁	适配器已连接到网络，但变频器未通过以太网进行控制
LINK	关闭	适配器未连接到网络
	常亮	适配器已连接到网络，但未发送数据
	闪烁	适配器已连接到网络，并正在发送数据
FAULT	红色闪烁	指示变频器发生故障

表 1-5　控制键和导航键及功能说明

按键	名称	说明
△ ▽	向上箭头 向下箭头	滚动显示可由用户选择的显示参数或组 增大值
Esc	退出	在编程菜单中后退一步 取消对参数值的更改并退出程序模式
Sel	选择	在编程菜单中前进一步 在查看参数值时选择一个数字
↵	回车	在编程菜单中前进一步 保存对参数值的更改
☎	反向	用于反向变频器的方向。默认为有效状态 由参数 P046、P048 和 P050［启动源 x］和 A544［反转禁用］控制
▯	启动	用于启动变频器。默认为有效状态 由参数 P046、P048 和 P050［启动源 x］控制
◉	停止	用于停止变频器或清除故障 该键始终处于有效状态 由参数 P045［停止模式］控制
电位器	电位器	用于控制变频器的速度。默认为有效状态 由参数 P047、P049 和 P051［速度基准值 x］控制

为了方便通过键盘查看并编辑 PowerFlex525 交流变频器的参数，我们通过一个实例来介绍 PowerFlex525 交流变频器是如何通过集成的键盘和显示屏来实现基本功能的操作，见表 1-6。该例介绍了基本导航指令，并用图表说明了如何对参数进行编程。

表 1-6　键盘和显示屏基本功能的操作示例

步骤	按键	显示屏实例
1. 通电后，显示屏将以闪烁字符短暂显示上一次由用户选择的基本显示组参数号。然后显示屏默认显示参数的当前值。（示例中显示的是变频器停止时 b001 [输出频率] 的值。）		FWD **0.00** HERTZ
2. 按下 Esc（退出）显示通电时显示的基本显示组参数号。参数号将闪烁显示	Esc	FWD **b001**
3. 按下 Esc（退出）进入参数组列表。参数组字母将闪烁显示	Esc	FWD **b001**
4. 按下向上箭头或向下箭头滚动该组列表（b、P、t、C、L、d、A、f 和 Gx）	△ 或 ▽	FWD **P031**
5. 按下回车键或 Sel 进入一个组。该组中上一次查看的参数的最右边数字将闪烁显示	↵ 或 Sel	FWD **P031**
6. 按下向上箭头或向下箭头滚动显示参数列表	△ 或 ▽	FWD **P031**
7. 按下 Enter（回车）查看参数值。或按 Esc（退出）返回到参数列表	↵	FWD **230** VOLTS
8. 按下 Enter（回车）或 Sel（选择）进入程序模式并编辑相应的值。右边的数字将闪烁显示，液晶显示屏上单词 "Program"（程序）将亮起	↵ 或 Sel	FWD **230** VOLTS PROGRAM
9. 按下向上箭头或向下箭头更改参数值	△ 或 ▽	FWD **229** VOLTS PROGRAM
10. 如有必要，按下 Sel（选择）在数字或数位之间移动。可更改的数字或数位将会闪烁显示	Sel	FWD **229** VOLTS PROGRAM

步骤	按键	显示屏实例
11. 按下 Esc（退出）取消更改并退出程序模式。或按下 Enter（回车）保存更改并退出程序模式。数字将停止闪烁，液晶显示屏上单词"Program"（程序）将熄灭	Esc 或 ↵	FWD **230** VOLTS 或 FWD **229** VOLTS
12. 按 Esc（退出）返回到参数列表。继续按下 Esc（退出），直到退出编程菜单。如果按下 Esc（退出）后显示画面未改变，则显示 b001［输出频率］。按下 Enter（回车）或 Sel（选择）重新进入组列表	Esc	FWD **P031**

1.4 PowerFlex525 交流变频器与工控机之间的以太网通信

对于一台新的变频器，如果想要给它设定 IP 地址，可以采取以太网设置和变频器面板手动设置两种方法，下面分别介绍这两种设置方法。

1.4.1 通过以太网设置变频器 IP 地址

（1）将工控机的 IP 地址修改为"自动获得 IP 地址"

具体操作步骤如下。

① 点击"打开网络和共享中心"，如图 1-13 所示；

图 1-13 网络设置对话框

② 在如图 1-14 所示的对话框中，点击"更改适配器设置"；

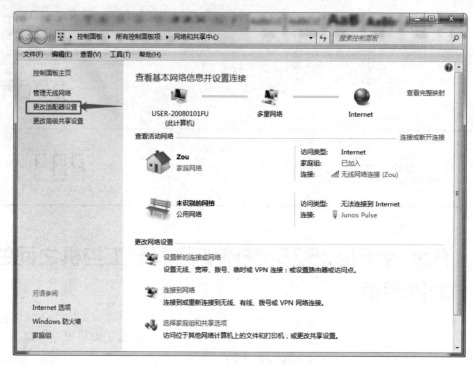

图 1-14   "更改适配器设置"对话框

③ 在如图 1-15 所示的对话框中，双击"本地连接 2"，出现如图 1-16 所示的画面，点击"属性"；

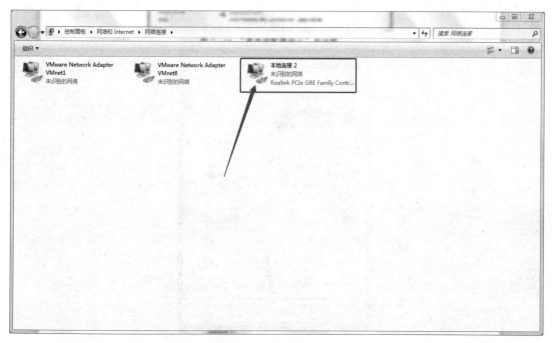

图 1-15   本地连接 2

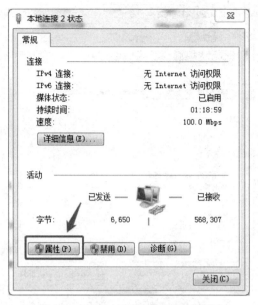

图 1-16　"本地连接"设置对话框

④ 双击如图 1-17 所示对话框中的"Internet 协议版本 4（TCP/IPv4）"选项；

图 1-17　"本地连接属性"对话框

⑤ 点击如图 1-18 所示对话框中的"自动获得 IP 地址"之后，点击"确定"。

（2）通过"BOOTP-DHCP Tool"软件设定变频器的 IP 地址

具体操作步骤如下。

① 把要设定 IP 地址的变频器上的 MAC ID（F4：54：33：F4：9A：EF）记录下来，之后启动工控机上的 BOOTP-DHCP Tool 软件，如图 1-19 所示；

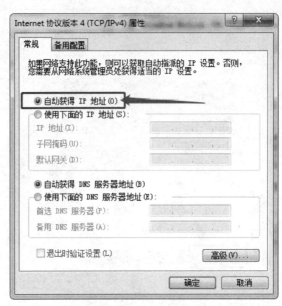

图 1-18　"Internet 协议版本 4（TCP/IPv4）属性"对话框

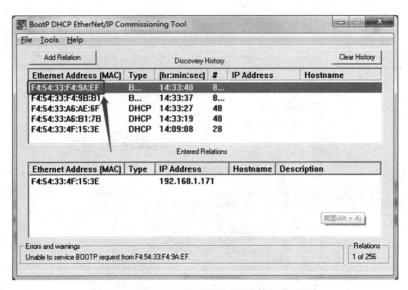

图 1-19　BOOTP-DHCP Tool 软件操作界面

②　在图 1-19 所示对话框的"Discovery History"窗口中，找到变频器的 MAC ID 之后，双击鼠标左键，出现如图 1-20 所示的对话框，并将变频器的 IP 地址（192.168.1.111）输入到图 1-20 所示的对话框中，如图 1-21 所示，点击"OK"即完成了变频器的 IP 地址设定，如图 1-22 所示。

（3）重新设定工控机的 IP 地址

将工控机的 IP 地址设定为：192.168.1.201；子网掩码：255.255.255.0；默认网关为：192.168.1.1。具体操作步骤为：在图 1-17"Internet 协议版本 4（TCP/IPv4）"属性"对话框"中，选择"使用下面的 IP 地址"，并按照图 1-23 所示，依次进行工控机的 IP 地址、子网掩码和默认网关的设置，本对话框的所有设置完成之后，点击"确定"。

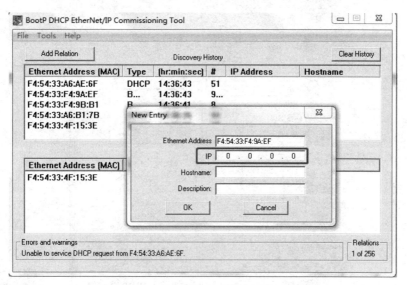

图 1-20　设置变频器 IP 地址初始对话框

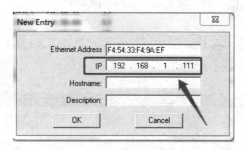

图 1-21　输入变频器 IP 地址

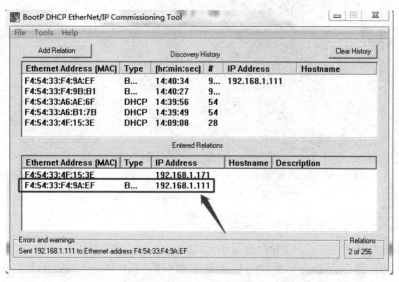

图 1-22　变频器 IP 地址设置完毕

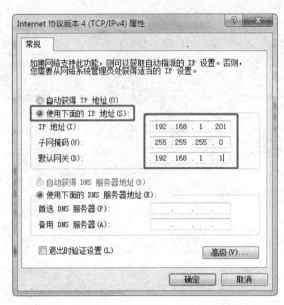

图 1-23　重新设置"Internet 协议版本 4（TCP/IPv4）属性"对话框

（4）在"RSLinx Classic"中，检查变频器的 IP 地址

具体操作步骤如下。

① 启动工控机上"RSLinx Classic"软件，出现如图 1-24 所示的"RSLinx Classic Lite"窗口；

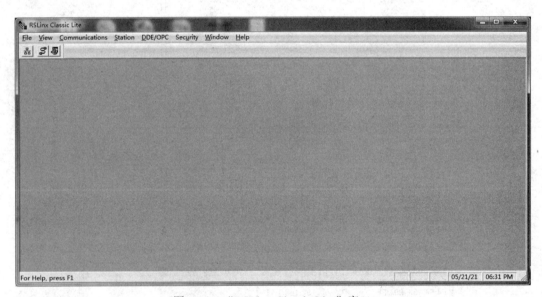

图 1-24　"RSLinx Classic Lite"窗口

② 在如图 1-25 所示的窗口中，点击"品"按钮；

③ 在如图 1-26 所示的窗口中，按照图示的要求，点击"田"；

④ 在如图 1-27 所示的窗口中，可以查询到变频器的 IP 地址为 192.168.1.111；

⑤ 在图 1-28 所示的变频器 IP 地址上，右击，选择"Module Configuration"选项，出现如图 1-29 所示的对话框；

图 1-25 "RSWho" 设置窗口

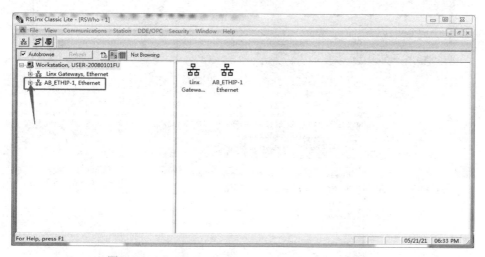

图 1-26 "RSLinx Classic Lite [RSWho]" 设置窗口

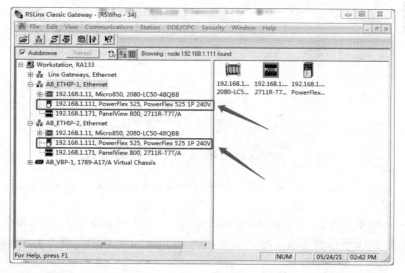

图 1-27 "RSLinx Classic Gateway [RSWho]" 设置窗口

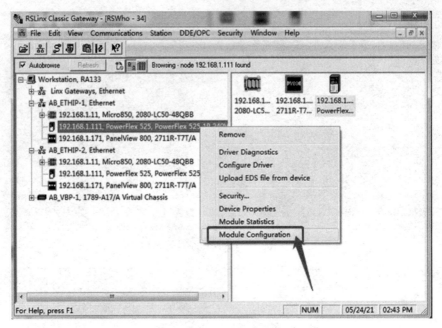

图 1-28　修改变频器 IP 地址形式

图 1-29　选择"Port Configuration"标签

⑥ 在图 1-29 中，点击"Port Configuration"标签，出现如图 1-30 所示画面；

⑦ 按照图 1-31 所示的要求，将"Network Configuration Type"修改为"Static"（静态）类型，点击"确定"确认操作；

⑧ 至此，这台变频器的 IP 地址已经设置完成。

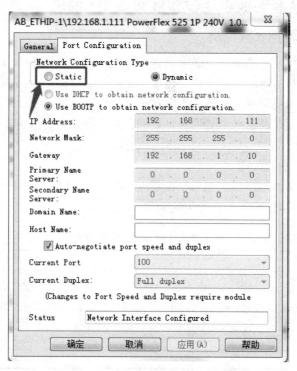

图 1-30   "Port Configuration"标签

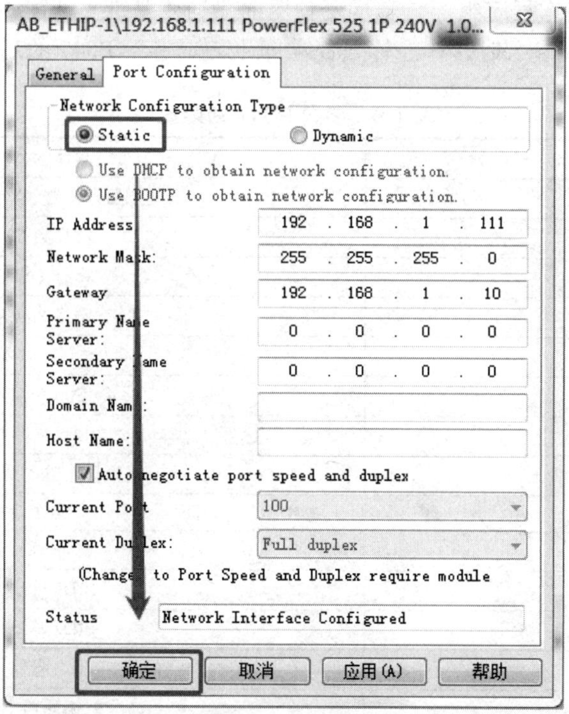

图 1-31   修改 IP 地址类型为"Static"

1.4.2　通过变频器面板手动设置变频器 IP 地址

1.4.2.1　变频器的常用参数说明

要配置变频器以特定方式运行，必须设置某些变频器参数。PowerFlex525 交流变频器的参数分为基本显示、基本程序、端子块、通信、逻辑、高级显示及高级程序等多个组别。

当用户通过变频器的面板，采用手动的方式来设置变频器 IP 地址的时候，需要掌握与手动设置紧密联系的参数以及这些参数的具体功能。这些参数包括：P046、P047、C128、C129～C132、C133～C136 及 C137～C140。下面分别予以介绍。

（1）参数 P046 及功能说明

参数 P046 属于基本程序组，它用于配置变频器的启动源。当用户更改这些输入时，一经输入便立即生效。参数 P046 的功能说明如表 1-7 所示。

表 1-7　参数 P046 功能说明

参数选项	具体含义
1	键盘（默认值）
2	数字量输入端子块
3	串行/DSI
4	网络选项
5	Ethernet/IP

（2）参数 P047 及功能说明

参数 P047 属于基本程序组，它表示变频器的"速度基准值 1"，用于选择变频器速度命令源，当用户更改这些输入时，一经输入便立即生效。参数 P047 的功能说明如表 1-8 所示。

表 1-8　参数 P047 功能说明

参数选项	具体含义
1	变频器电位器（默认值）
2	键盘频率
3	串行/DSI
4	网络选项
5	0～10V 输入
6	4～20mA 输入
7	预设频率
8	模拟量输入乘数
9	MOP
10	脉冲输入
11	PID1 输出
12	PID2 输出
13	步进逻辑
14	编码器
15	Ethernet/IP
16	定位

（3）参数 C128 及功能说明

参数 C128 属于通信组，它表示变频器的 EN 地址选择。启用由 BOOTP 服务器设置 IP 地址、子网掩码和网关地址，完成选择后，需要复位或循环上电。参数 C128 的功能说明如表 1-9 所示。通常情况下，用户要将 C128 设定为"1"（参数）。

表 1-9　参数 C128 功能说明

参数选项	具体含义
1	参数
2	BOOTP（默认）

（4）参数 C129～C132 及功能说明

参数 C129～C132 均属于通信组，分别用来完成变频器的 EN IP 地址配置 1、EN IP 地址配置 2、EN IP 地址配置 3 和 EN IP 地址配置 4。如果 EN IP 地址配置 1 为"192"、EN IP 地址配置 2 为"168"、EN IP 地址配置 3 为"1"、EN IP 地址配置 4 为"141"，则表示该变频器的 IP 地址为 192.168.1.141。变频器的参数 C129～C132 在完成选择后，需要复位或循环上电。参数 C129～C132 的说明如表 1-10 所示。

说明：如果要设置参数 C129～C132，那么用户必须事先将参数 C128 设为"1"（参数）。

表 1-10　参数 C129～C132 功能说明

默认值	0
最小值	0
最大值	255

（5）参数 C133～C136 及功能说明

参数 C133～C136 均属于通信组，分别用来完成变频器的 EN 子网配置 1、EN 子网配置 2、EN 子网配置 3 和 EN 子网配置 4。如果 EN 子网配置 1 为"255"、EN 子网配置 2 为"255"、EN 子网配置 3 为"255"、EN 子网配置 4 为"0"，则表示该变频器的子网掩码为 255.255.255.0。变频器的参数 C133～C136 在完成选择后，需要复位或循环上电。参数 C133～C136 的说明如表 1-11 所示。

说明：如果要设置参数 C133～C136，那么用户必须事先将参数 C128 设为"1"（参数）。

表 1-11　参数 C133～C136 功能说明

默认值	0
最小值	0
最大值	255

（6）参数 C137～C140 及功能说明

参数 C137～C140 均属于通信组，分别用来完成变频器的 EN 网关配置 1、EN 网关配置 2、EN 网关配置 3 和 EN 网关配置 4。如果 EN 网关配置 1 为"192"、EN 网关配置 2 为"168"、EN 网关配置 3 为"1"、EN 网关配置 4 为"1"，则表示该变频器的默认网关为 192.168.1.1。变频器的参数 C137～C140 在完成选择后，需要复位或循环上电。参数 C137～C140 的说明如表 1-12 所示。

说明：如果要设置参数 C137～C140，那么用户必须事先将参数 C128 设为"1"（参数）。

表 1-12 　参数 C137～C140 功能说明

默认值	0
最小值	0
最大值	255

1.4.2.2　手动设置变频器的 IP 地址

下面我们就通过操作变频器上的面板，以手动的方式来设置变频器的 IP 地址、子网掩码及默认网关等。具体操作步骤如下：

① 当 PowerFlex525 交流变频器（以下简称变频器）通电并完成启动之后，其显示屏如图 1-32 所示；

图 1-32　变频器的面板

② 按 "Esc" 键，变频器的屏幕显示为如图 1-33 所示画面，此时 "b001" 中的 "1" 处于闪烁的状态；

③ 按 "△" 键，将 "1" 调整到 "6"，出现如图 1-34 所示的画面，此时画面中的 "6" 处于闪烁状态；

④ 按 "Sel" 键，将闪烁位调整到右数第 2 位，让这位的 "0" 处于闪烁状态，如图 1-35 所示；

⑤ 按 "△" 键，将这一位的 "0" 调整到 "4"，如图 1-36 所示，此时画面中的 "4" 处于闪烁状态（**注意：**此时参数的首位由 "b" 自动切换成 "P"）；

图 1-33 参数 "b001"

图 1-34 调整参数到 "b006"

图 1-35 调整参数 "b006" 的闪烁位

图 1-36 调整参数为 "P046"

⑥ 按 " ↵ " 键，变频器的屏幕上显示 "1"，如图 1-37 所示；

⑦ 按 " △ " 键，将 "1" 调整到 "5"，如图 1-38 所示，按 " ↵ " 键确认；

图 1-37 参数 "P046" 的初始值

图 1-38 参数 "p046" 修改后的值

⑧ 按 " Esc " 键返回，此时出现如图 1-39 所示的画面，画面中的 "6" 在闪烁；

⑨ 按 " △ " 键，将画面中的 "6" 调整到 "7"，出现如图 1-40 所示的画面，此时画面中的 "7" 处于闪烁状态；

⑩ 按 " ↵ " 键，变频器的屏幕上显示 "1"，如图 1-41 所示；

图 1-39　对参数 "P046" 进行调整

图 1-40　参数切换到 "P047"

⑪ 按 "△" 键，将 "1" 调整到 "15"，如图 1-42 所示，按 "↵" 键确认；

图 1-41　参数 "p047" 的初始值

图 1-42　参数值切换到 "15"

⑫ 按 "Esc" 键返回，此时变频器屏幕上显示为如图 1-43 所示的画面，画面的 "7" 在闪烁；

⑬ 按 "Esc" 键，将闪烁位由 "7" 切换到 "P"，如图 1-44 所示；

图 1-43　再次显示参数 "P047"

图 1-44　闪烁位切换到 "P"

⑭ 按 "⟨△⟩" 键进行切换，直到 "P" 变成 "C"，如图 1-45 所示，此时画面中的 "C" 处于闪烁状态；

⑮ 按 "⟨↵⟩" 键后，此时如图 1-46 所示的 "1" 在闪烁；

图 1-45　闪烁位由 "P" 切换成 "C"

图 1-46　调整闪烁位为 "1"

⑯ 按 "⟨△⟩" 键，将屏幕上的 "C121" 切换到 "C128"，如图 1-47 所示，此时画面中的 "8" 在闪烁；

⑰ 按 "⟨↵⟩" 键后，屏幕上显示 "2"，如图 1-48 所示；

图 1-47　参数切换到 "C128"

图 1-48　参数 "C128" 的初始值

⑱ 按 "⟨▽⟩" 键，将 "2" 调整到 "1"，此时 "1" 在闪烁，按 "⟨↵⟩" 键后确认，"1" 不再闪烁，如图 1-49 所示；

⑲ 按 "⟨Esc⟩" 键返回后，屏幕如图 1-50 所示，画面中 "8" 在闪烁；

⑳ 按 "⟨△⟩" 键，将屏幕上的 "C128" 切换到 "C129"，如图 1-51 所示，此时画面中的 "9" 在闪烁；

㉑ 按 "⟨↵⟩" 键后，屏幕上显示 "0"，如图 1-52 所示；

图 1-49　参数"C128"调整后的值

图 1-50　再次显示参数"C128"

图 1-51　参数切换到"C129"

图 1-52　参数"C129"的初始值

㉒ 按"△"键,将屏幕上的"0"切换到"2",此时"2"处于闪烁状态,如图 1-53 所示:

㉓ 按"Sel"键进行切换,屏幕显示"02",此时"0"处于闪烁状态,如图 1-54 所示;

图 1-53　调整初始值到"2"

图 1-54　切换闪烁位

㉔ 按"△"键,将屏幕上的"0"切换到"9",此时"9"处于闪烁状态,如图 1-55 所示;

㉕ 按"Sel"键进行切换,屏幕显示"092",此时"0"处于闪烁状态,如图 1-56 所示;

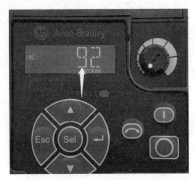

图 1-55　调整参数到"9"

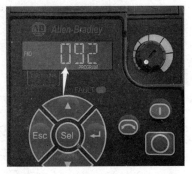

图 1-56　闪烁位切换到"0"

㉖ 按"▲"键，将屏幕上的"0"调整到"1"，此时"1"处于闪烁状态，如图 1-57 所示；

㉗ 按"↵"键确认后，屏幕上的"192"均不再闪烁，再按"Esc"键返回后，屏幕如图 1-58 所示，此时屏幕中的"9"处于闪烁状态。说明：至此，我们已经将"192"赋给了参数"C129"。"192"是变频器 IP 地址"192.168.1.141"的第一部分；

图 1-57　调整参数值到"1"

图 1-58　完成参数"C129"值的设定

㉘ 重复步骤⑳～㉗，将"168"赋给参数"C130"；将"1"赋给参数"C131"；将"141"赋给参数"C132"。至此，我们已经将参数"C129"～参数"C132"分别赋值为"192""168""1""141"，表明我们已经将变频器的 IP 地址设定为 192.168.1.141；

㉙ 继续重复步骤⑳～㉗，将"255"赋给参数"C133"；将"255"赋给参数"C134"；将"255"赋给参数"C135"；将"0"赋给参数"C136"。至此，我们已经将参数"C133"～参数"C136"分别赋值为"255""255""255""0"，表明我们已经将变频器的子网掩码设定为 255.255.255.0；

㉚ 继续重复步骤⑳～㉗，将"192"赋给参数"C137"；将"168"赋给参数"C138"；将"1"赋给参数"C139"；将"1"赋给参数"C140"。至此，我们已经将参数"C137"～参数"C140"分别赋值为"192""168""1""1"，表明我们已经将变频器的默认网关设定为 192.168.1.1。

㉛ 到目前为止，我们已经通过操作变频器面板，以手动的方式，顺利完成了变频器的 IP 地址设定、子网掩码设定及变频器的默认网关设定工作。此时，如果打开工控机上的"RSLinx Classic"软件，即可以查询到该变频器 IP 地址，如图 1-59 所示。

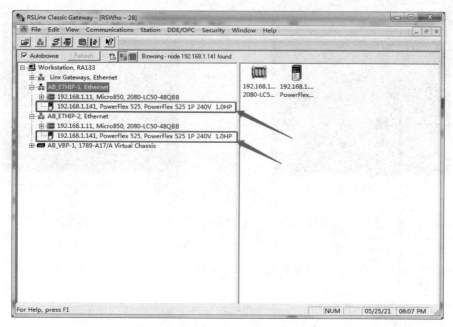

图 1-59　在"RSLinx Classic"软件下查询到变频器的 IP 地址

1.4.3　修改变频器 IP 地址

当用户通过上面所述两种方法之一，完成了变频器的 IP 地址的设定工作，如果遇到该变频器的 IP 地址与其他设备的 IP 地址有冲突或者用户主观方面就想修改该变频器的 IP 地址，应该采用哪种行之有效的途径进行修改呢？下面就开始介绍变频器 IP 地址的修改方法。

① 在工控机上，双击" <kbd>Connected Compone...</kbd> "快捷方式，打开 Connected Components Workbench（简称 CCW）软件，如图 1-60 所示；

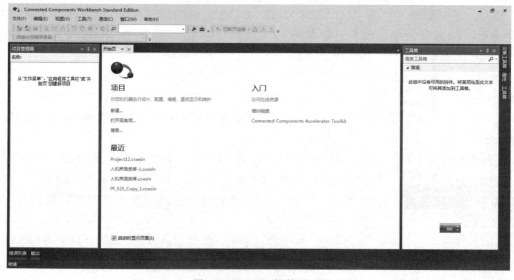

图 1-60　CCW 软件界面

② 在图 1-60 中，点击菜单"文件"，选择"新建"，如图 1-61 所示；

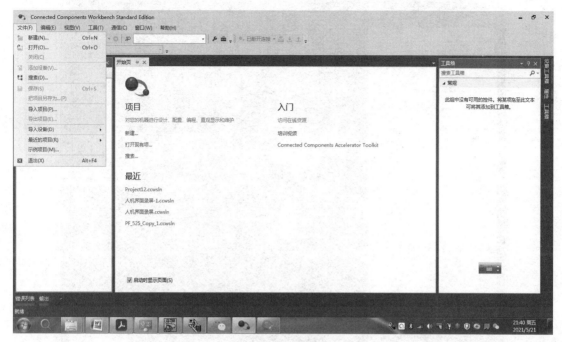

图 1-61　新建项目窗口

③ 在如图 1-62 所示的对话框中，输入新建项目的名称之后，点击"创建"；

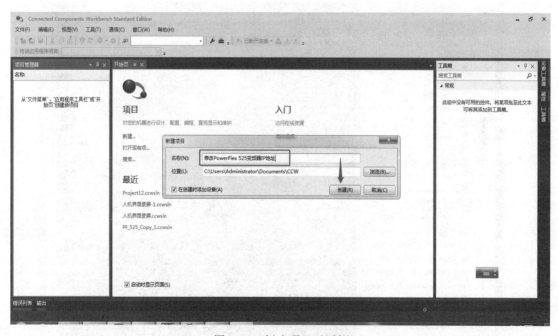

图 1-62　创建项目对话框

④ 在"添加设备"对话框中，点击"驱动器"，如图 1-63 所示；

⑤ 选择"PowerFlex525"驱动器，之后按"选择"按钮，如图 1-64 所示；

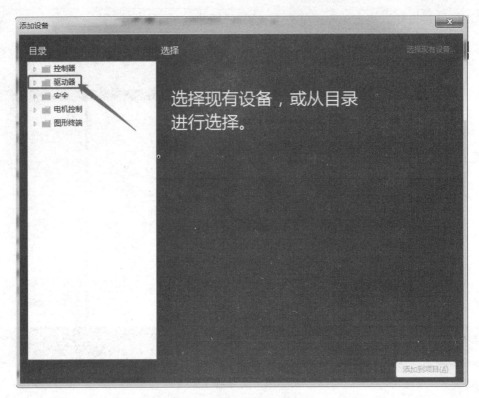

图 1-63　添加设备对话框

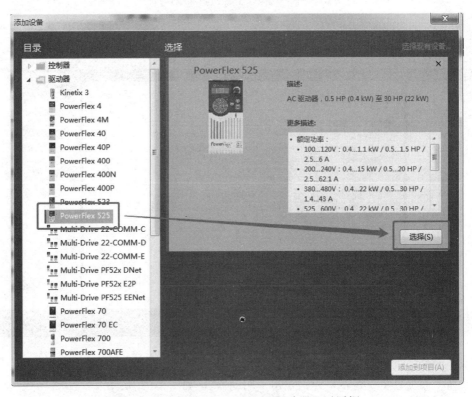

图 1-64　选择"PowerFlex525 驱动器"对话框

⑥ 在如图 1-65 所示的对话框中，按"添加到项目"按钮；

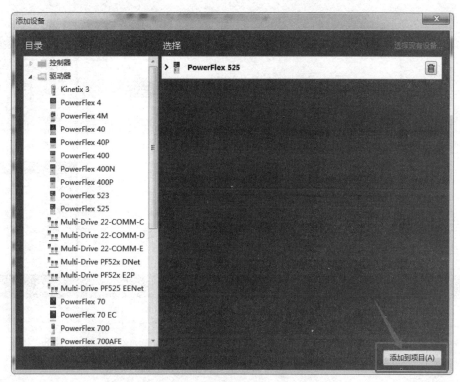

图 1-65　"添加到项目"对话框

⑦ 双击如图 1-66 所示的"PowerFlex525"，在之后出现的图 1-67 中，单击"参数"按钮；

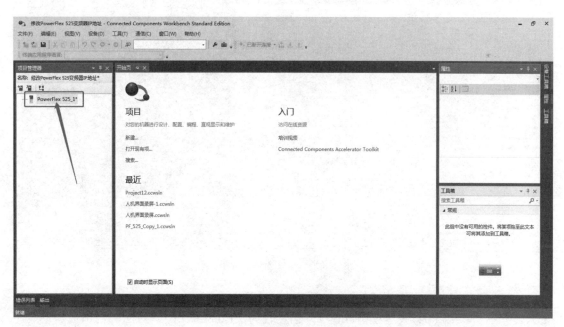

图 1-66　变频器设置对话框

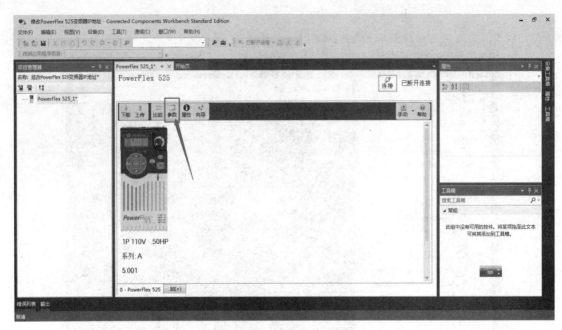

图 1-67　变频器参数设置

⑧ 在图 1-68 中，选择"参数"选项，在图 1-69 中，选择"参数"中的"基本程序"选项；

#	名称	值	单位	内部值	默认	最小	最大
1	输出频率	0.00	Hz	0	0.00	0.00	500.00
2	命令频率	0.00	Hz	0	0.00	0.00	500.00
3	输出电流	0.00	A	0	0.00	0.00	5.00
4	输出电压	0.0	V	0	0.0	0.0	999.9
5	直流总线电压	0	VDC	0	0	0	1200
6	变频器状态	00000000 ...		0	00000000 000...	0	31
7	故障 1 代码	0		0	0	0	127
8	故障 2 代码	0		0	0	0	127
9	故障 3 代码	0		0	0	0	127
10	过程显示	0		0	0	0	9999
11	过程部分	0.00		0	0.00	0.00	0.99
12	控制源	0		0	0	0	2165
13	控制输入状态	00000000 ...		0	00000000 000...	0	15
14	数字量输入状态	00000000 ...		0	00000000 000...	0	15
15	输出每分钟转速	0	RPM	0	0	0	24000
16	输出速度	0.0	%	0	0.0	0.0	100.0
17	输出功率	0.00	kW	0	0.00	0.00	99.99
18	节省功率	0.00	kW	0	0.00	0	655.35
19	消耗的运行时间	0	x10h	0	0	0	65535
20	平均功率	0.00	kW	0	0.00	0	655.35
21	已消耗千瓦时	0.0	kWh	0	0.0	0.0	100.0
22	已消耗兆瓦时	0.0	MWh	0	0.0	0.0	6553.5
23	节省能源	0.0	kWh	0	0.0	0.0	6553.5
24	累计节省千瓦时	0.0	kWh	0	0.0	0	6553.5
25	累计节省成本	0.0		0	0.0	0.0	6553.5
26	累计减少二氧化碳	0.0	kg	0	0.0	0	6553.5

图 1-68　参数选择对话框

⑨ 在图 1-70 中，将参数 P046（启动源 1）设置为"Ethernet/IP"，对应的内部值自动变更为"5"；将参数 P047（速度基准值 1）也设置为"Ethernet/IP"，对应的内部值自动变更为"15"；

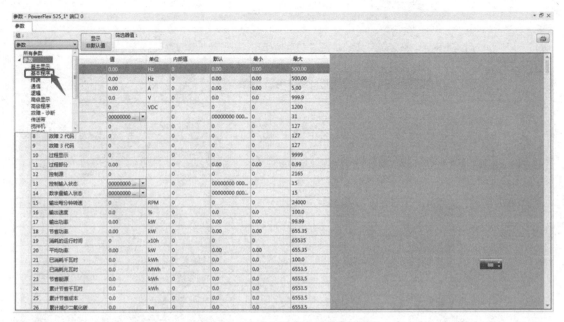

图 1-69 "基本程序"选择对话框

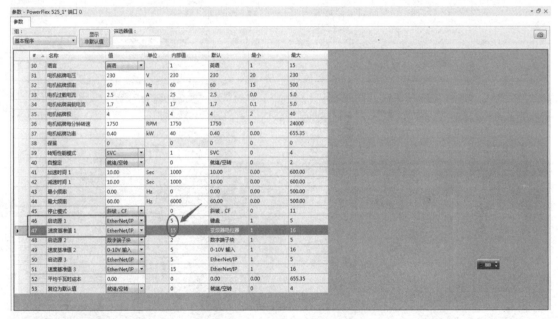

图 1-70 进行相关参数设置

⑩ 在图 1-71 的"参数"中选择"通信"选项；

⑪ 按照图 1-72 所示，按由上到下的顺序，分别设置参数 C128（地址选择使能）为"参数"选项，对应的内部值为"1"；设置参数 C129、C130、C131 和 C132 为"192"、"168"、"1""80"，表示变频器新的 IP 地址为 192.168.1.80（变频器原来的 IP 地址为 192.168.1.141）；设置参数 C133、C134、C135 和 C136 为"255"、"255"、"255""0"，表示变频器新的子网掩码为 255.255.255.0；设置参数 C137、C138、C139 和 C140 为"192"、"168"、"1""1"，表示变频器默认网关为 192.168.1.1。所有设置完成之后，关闭此对话框；

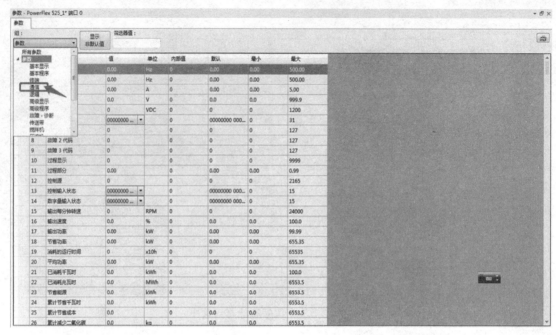

图 1-71 "通信"选择对话框

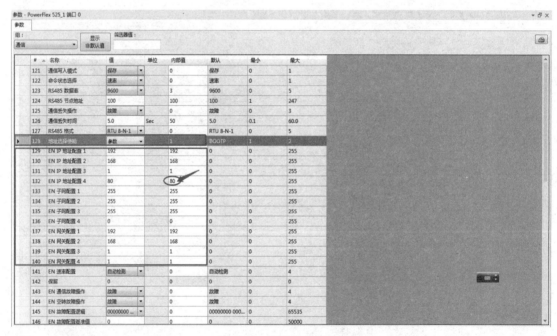

图 1-72 相关参数设置

⑫ 点击菜单"文件"→"保存"本项目,如图 1-73 所示。

⑬ 目前,我们可以将在 CCW 中给变频器编辑好的各个参数下载到变频器中,在图 1-74 中,按"下载"按钮;

⑭ 点击如图 1-75 所示的" ⊞ ",为进一步的下载工作做好准备;

⑮ 按照如图 1-76 所示，先选择要下载的变频器，再点击"确定"；

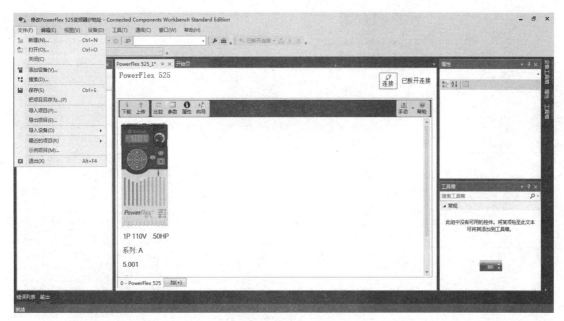

图 1-73　保存项目

图 1-74　准备进行"下载"操作

⑯ 在如图 1-77 所示的对话框中，首先确认变频器的 IP 地址是否正确（这个 IP 地址是变频器原来的 IP 地址），然后点击"下载整个设备"按钮；

⑰ 当整个下载过程进行完毕之后，CCW 软件的界面如图 1-78 所示，图中所指示的 IP 地址是变频器原来的 IP 地址；

图 1-75　下载准备工作

图 1-76　选择下载的变频器

⑱ 重新启动变频器（**注意**：首先给变频器断电，一定要等到变频器发出响声，彻底断电之后，再重新启动变频器），切换到"RSLinx Classic"软件界面，如图 1-79 所示。由图 1-79可以看出，变频器原来的 IP 地址已经失效，点击图 1-79 中的"品"按钮，执行以太网的"刷新"操作；

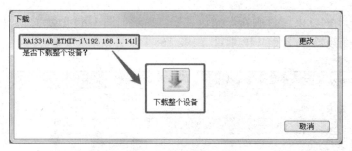

图 1-77 下载过程对话框

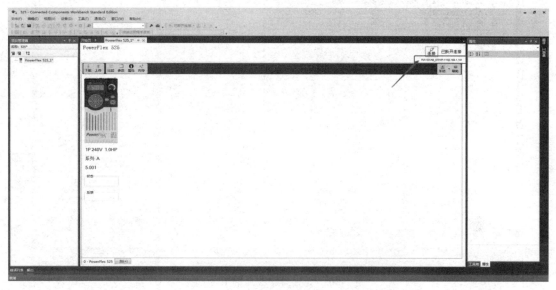

图 1-78 下载完成之后的 CCW 界面

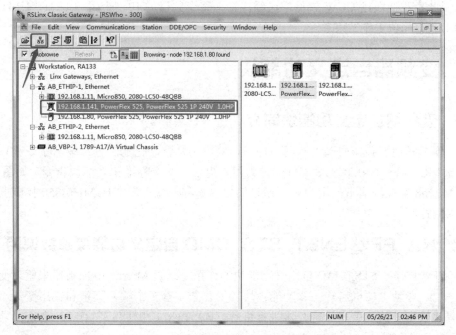

图 1-79 变频器原来的 IP 地址已经失效

⑲ 经过上一步的以太网"刷新"操作之后，出现如图 1-80 所示的画面，在图 1-80 中，我们已经看到了变频器修改后的 IP 地址（192.168.1.80）；

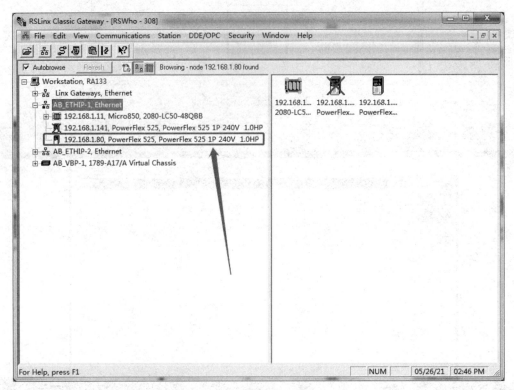

图 1-80　变频器修改后的 IP 地址

⑳ 至此，我们通过 CCW 软件，已经成功地将变频器的 IP 地址由 192.168.1.141 修改为 192.168.1.80，此项工作结束。

1.5　变频器自定义功能块

1.5.1　变频器自定义功能块简介

为了便于实现变频器的以太网网络通讯，罗克韦尔自动化的工程师编写了一个自定义功能块指令"RA_PFx_ENET_STS_CMD"，为用户提供了一个标准化功能块指令，如图 1-81 所示。在 Micro850 控制器下，用户可以通过简单的编程，就可以实现 Micro850 控制器对变频器的以太网控制。

1.5.2　RA_PFx_ENET_STS_CMD 自定义功能块参数说明

RA_PFx_ENET_STS_CMD 自定义功能块的作用是通过 Micro850 控制器来驱动变频器进行频率输出，驱动电动机运转。该功能模块较为复杂，有多个输入变量和输出变量，在此，编者选择比较重要的几个变量寄存器进行讲解。RA_PFx_ENET_STS_CMD 自定义功能块的参数说明如表 1-13 所示。

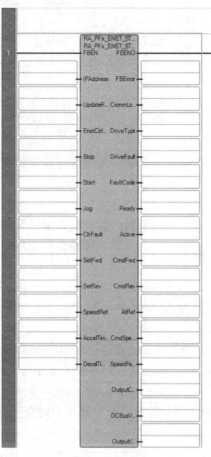

图 1-81 "RA_PFx_ENET_STS_CMD" 功能块

表 1-13 自定义功能块的参数说明

参数名称	数据类型	作用
IPAddress	STRING	要控制的变频器的 IP 地址
UpdateRate	UDINT	循环触发时间,为 0 表示默认值 500ms
Start	BOOL	1-开始
Stop	BOOL	1-停止
SetFwd	BOOL	1-正转
SetRev	BOOL	1-反转
SpeedRef	REAL	速度参考值,单位为 Hz
CmdFwd	BOOL	1-当前方向为正转
CmdRev	BOOL	1-当前方向为反转
AccelTime1	Real	加速时间,单位为 s
DecelTime1	Real	减速时间,单位为 s
Ready	BOOL	PowerFlex525 已经就绪
Active	UDINT	PowerFlex525 已经被激活
FBError	BOOL	PowerFlex525 出错
FaultCode	DINT	PowerFlex525 错误代码
Feedback	REAL	反馈速度

（1）Stop

Stop 属于 BOOL 数据类型，它是变频器的停止标志位：当该位为"1"时，表示变频器停止运行；当该位为"0"时，表示解除变频器的停止状态。

（2）Start

Start 属于 BOOL 数据类型，它是变频器的启动标志位：当该位为"1"时，表示变频器启动运行；当该位为"0"时，表示解除变频器的启动状态。

关于"解除"的说明：

"解除"的含义是没有改变原有的状态，若要改变原有的状态，则需要使用对立的命令来实现。

（3）Jog

Jog 属于 BOOL 数据类型，它是变频器的点动标志位：当该位为"1"时，表示变频器以10Hz 的频率对外输出；当该位为"0"时，表示变频器停止频率输出。

（4）SetFwd

SetFwd 属于 BOOL 数据类型，它是变频器正向输出频率的标志位：当该位为"1"时，表示变频器正向输出频率；当该位为"0"时，表示解除变频器正向输出频率。

（5）SetRev

SetRev 属于 BOOL 数据类型，它是变频器反向输出频率标志位：当该位为"1"时，表示变频器反向输出频率；当该位为"0"时，表示解除变频器反向输出频率。

（6）SpeedRef

SpeedRef 属于 REAL 数据类型，它是变频器频率给定寄存器。该寄存器用于对变频器的频率进行赋值。

（7）DCBusVoltage

DCBusVoltage 属于 REAL 数据类型，它是变频器输出电压指示寄存器：该寄存器指示变频器的三相输出电压，也可用来验证变频器与 Micro850 控制器是否连接上。输出值为 320 左右，则表示已经通信成功。

1.6 变频器应用

1.6.1 不同频率下的三相异步电动机正反转控制

（1）项目实践题目

三相异步电动机的正反转控制（正转时工作频率为 35Hz，反转时的工作频率为 20Hz）。

（2）控制要求

① 设置一个启动按钮 SB1 和一个停止按钮 SB2；

② 按下启动按钮 SB1 时，三相异步电动机以 35Hz 的频率正向启动，并持续正向工作 20s；

③ 当正向转动到达 20s，三相异步电动机自动停止 500ms，紧接着自动开始保持长时间的反向转动；

④ 在任意时刻，按下停止按钮 SB2 后，三相异步电动机均可停止转动。

（3）项目实施步骤

① 请按照如图 1-82 所示的要求进行线路的安装。

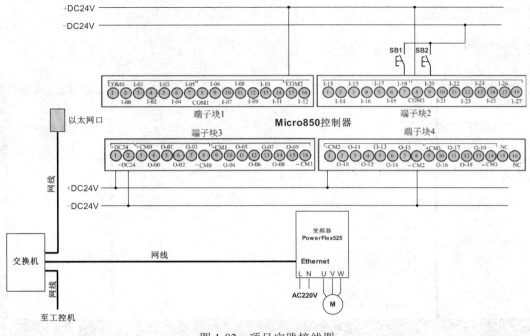

图 1-82　项目实践接线图

② 打开工控机上的"RSLinx Classic"软件，确定工控机的 IP 地址、变频器的 IP 地址以及 Micro850 控制器的 IP 地址之间可以正常的进行以太网通信，如图 1-83 所示；（本项目中工控机的 IP 地址为 192.168.1.201；变频器的 IP 地址为 192.168.1.141；Micro850 控制器的 IP 地址为 192.168.1.11；默认网关为 192.168.1.1；子网掩码为 255.255.255.0）。如果上述各设备之间不能进行正常的以太网通信，请务必首先做好通信工作，其次做好变频器电源模块的安装接线工作（前面的章节已经讲过），最后才能进行如下的步骤。

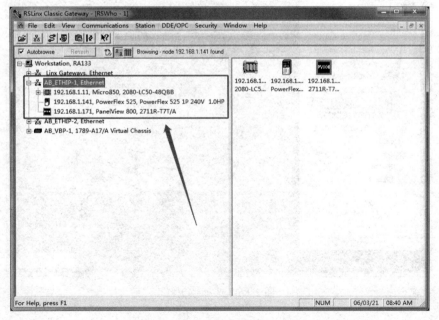

图 1-83　Micro850 控制器与变频器之间的以太网通信

③ 打开工控机中的 CCW 软件，新建一个项目，具体操作顺序如图 1-84 所示。

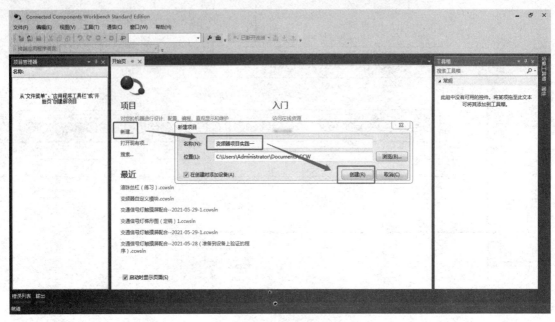

图 1-84　新建项目

④ 按照图 1-85 所示的方法，选择控制器。

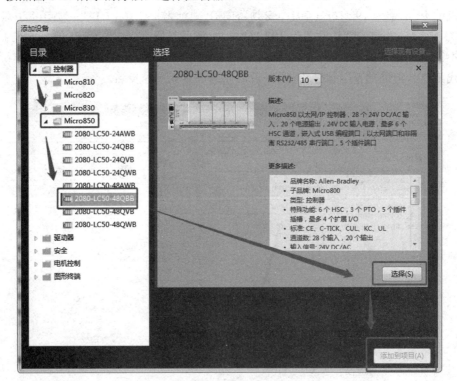

图 1-85　选择控制器

⑤ 右击"程序"→"添加"→"新建 LD：梯形图"，如图 1-86 所示。

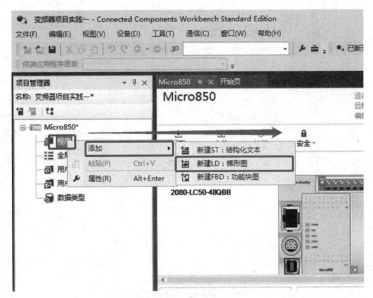

图 1-86　添加梯形图程序

⑥ 导入罗克韦尔工程师编写的变频器控制自定义功能块。按照如图 1-87 所示的操作顺序，右击"Prog1"→"导入"→"导入交换文件"。

图 1-87　准备导入功能块

⑦ 找到与功能块相对应的交换文件的存放位置，选择"导入"即可，如图 1-88 和图 1-89所示。

⑧ 双击图 1-90 中的"局部变量"，建立本项目所需要的局部变量表，此处需要读者特别注意变量的数据类型和初始值。

图 1-88　找到文件的存放位置

图 1-89　导入交换文件（功能块）

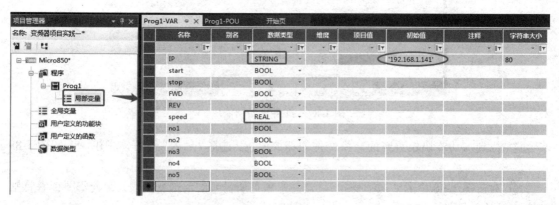

图 1-90　建立局部变量

⑨ 按照如图 1-91 的操作顺序，将变频器添加到项目管理器中。

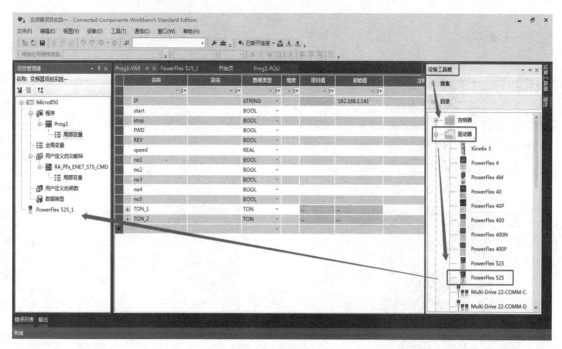

图 1-91　添加变频器

⑩ 双击图 1-92 中的"Prog1"，开始输入如图 1-93 和图 1-94 所示的梯形图程序；注意：用户在建立梯形图程序的过程中一定要特别注意局部变量的选择和 Micro850 控制器的 I/O 口的选择。

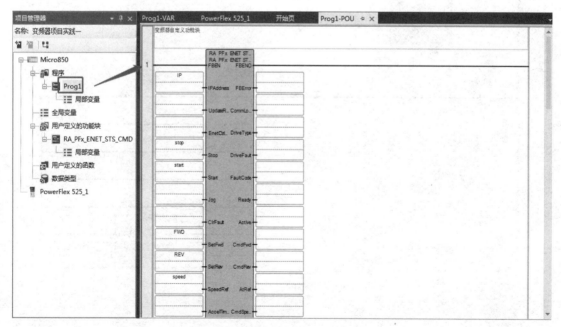

图 1-92　建立梯形图程序

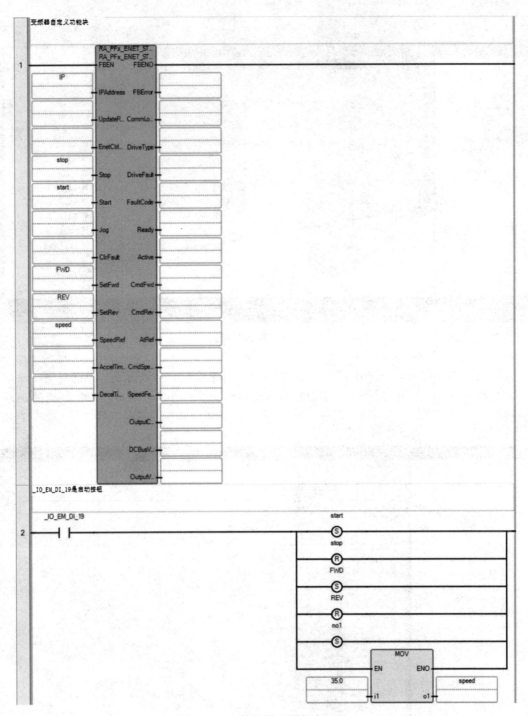

图 1-93　完整的梯形图程序（1）

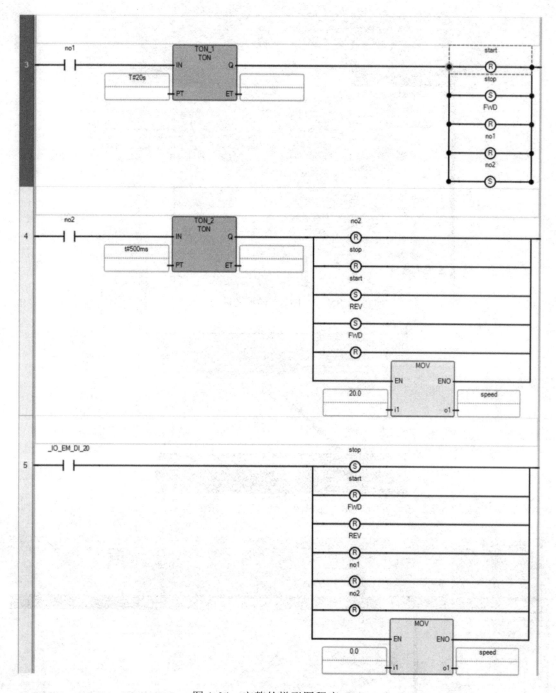

图 1-94　完整的梯形图程序（2）

⑪ 按照如图 1-95 所示的方法，"生成"（编译）梯形图程序，这个过程中，用户需要特别注意屏幕下方的提示信息。如果"生成"之后出现"错误"或者"警告"信息，则需要用户返回到梯形图程序设计界面进行修改，再进行"生成"操作，直到没有出现"错误"或者"警告"信息提示为止，如图 1-96 所示。

⑫ 将梯形图程序下载到 Micro850 控制器中。在图 1-97 中，点击下载按钮。

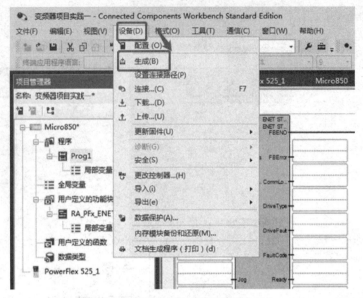

图 1-95 　"生成"梯形图的方法

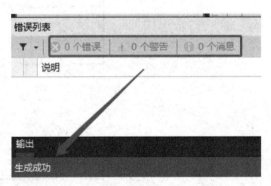

图 1-96　梯形图"生成"后提示信息

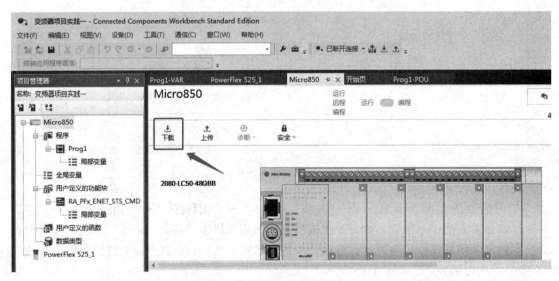

图 1-97　准备下载梯形图程序

⑬ 在图 1-98 所示的对话框中，选择 Micro850 控制器的 IP 地址后，按"确定"键；

图 1-98　选择 Micro850 控制器的 IP 地址

⑭ 在图 1-99 所示的下载确认对话框中，选择"下载"。

⑮ 在随后的程序下载过程中，变频器面板上红色的"FAULT"指示灯会闪烁，提示用户需要清除变频器端的错误，如图 1-100 所示。此时用户只需要按下变频器面板上的""按钮即可清除错误，"FAULT"指示灯随之熄灭。

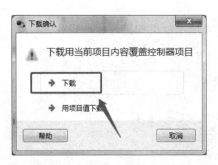

图 1-99　进行下载确认　　　　　图 1-100　变频器面板上的错误提示

⑯ 按下启动按钮 SB1（即_IO_EM_DI_19 输入端子），变频器及三相异步电动机就开始工作，电动机在 35Hz 频率下实现 20s 的正转，如图 1-101 所示，画面中的"FWD"表示变频器驱动电动机正转。

⑰ 当变频器驱动电动机正向转动 20s 之后，电动机改为反向转动，频率为 20Hz，如图 1-102 所示。

图 1-101　变频器驱动电动机正转　　　　　　图 1-102　变频器驱动电动机反转

⑱ 按下停止按钮 SB2（即_IO_EM_DI_20 输入端子），电动机停止转动。说明：停止按钮可以在电动机工作的任意时刻被按下。

1.6.2　三相异步电动机的多段速控制

在许多制造业和企业中生产中都离不开三相异步电动机，如生产线中传送带可由电动机拖动，而在生产加工时要求对物料能够进行可靠、迅速地停止，并在规定的位置进行加工，因此对电动机的速度要求可调。但生产线中由于传统电动机控制体积大、速度改变不灵活等缺点使得其控制存在不足。采用变频器和 PLC 的组合控制，能够弥补这一不足。本项目实践采用变频器与 PLC 组合来控制电动机的多段速运行。

（1）项目实践题目

三相异步电动机的多段速控制。

（2）控制要求

① 设置一个启动按钮 SB1 和一个停止按钮 SB2；

② 如图 1-103 所示，按下启动按钮 SB1 时，三相异步电动机以 10Hz 的频率正向启动，持续运行 10s；切换到 30Hz 运行 15s；切换到 50Hz 运行 10s；切换到 60Hz 运行 45s 后自动停止；

③ 在任意时刻，按下停止按钮 SB2 后，三相异步电动机均可停止转动。

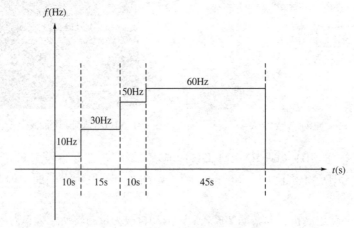

图 1-103　电动机多段速控制示意图

（3）项目实施步骤

① 按照如图 1-104 所示的要求连接线路；

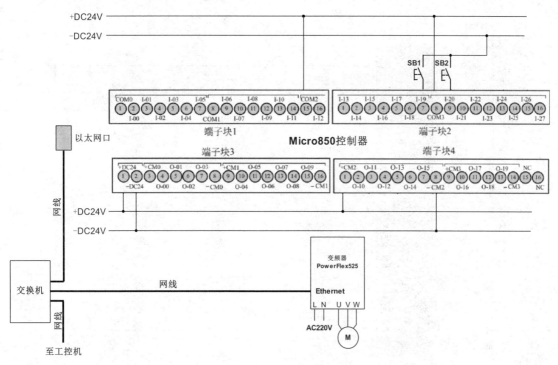

图 1-104　项目实践接线图

② 打开工控机上的"RSLinx Classic"软件，确认工控机、变频器以及 Micro850 控制器之间可以正常地进行以太网通信；其次，保证变频器的电源模块接线工作已经完成；

③ 打开工控机上的 CCW 软件，新建项目，建立如图 1-105 所示的局部变量，并为局部变量"IP"赋初始值"192.168.1.141"（变频器的 IP 地址）；

名称	别名	数据类型	维度	项目值	初始值	注释	字符串大小
IP		STRING			'192.168.1.141'		80
start		BOOL					
stop		BOOL					
FWD		BOOL					
REV		BOOL					
speed		REAL					
no1		BOOL					
no2		BOOL					
no3		BOOL					
no4		BOOL					
no5		BOOL					
RA_PFx_ENET_STS_CMD		RA_PFx_ENET		...	...		
TON_1		TON		...	...		
TON_2		TON		...	...		
TON_3		TON		...	...		
TON_4		TON		...	...		

图 1-105　项目所需要局部变量

④ 建立如图 1-106、图 1-107 及图 1-108 所示的梯形图程序，并进行"生成"操作，确认梯形图程序无"错误"或者"警告"提示；

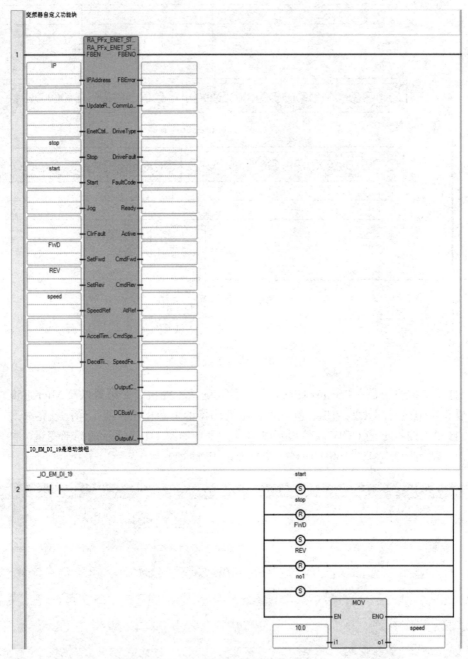

图 1-106 项目实践所需梯形图程序（1）

⑤ 将程序下载到 Micro850 控制器中，按下启动按钮 SB1（即_IO_EM_DI_19 输入端子）之后，将目光转移到变频器的面板上，观察变频器面板上的频率显示信息，如图 1-109～图 1-112 所示；

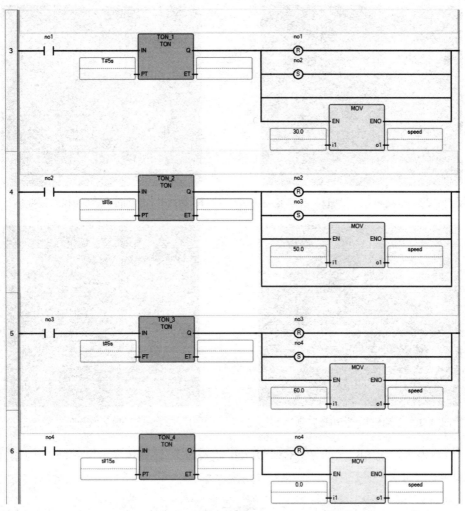

图 1-107　项目实践所需梯形图程序（2）

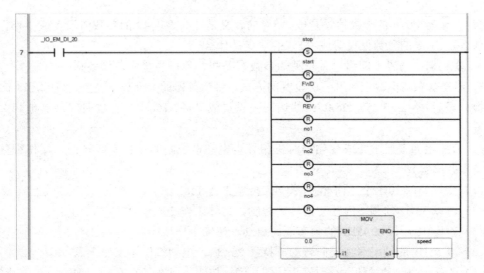

图 1-108　项目实践所需梯形图程序（3）

图 1-109 电动机以"10Hz"频率运行

图 1-110 电动机以"30Hz"频率运行

图 1-111 电动机以"50Hz"频率运行

图 1-112 电动机以"60Hz"频率运行

⑥ 按下停止按钮 SB2（即_IO_EM_DI_20 输入端子），三相异步电动机停止运行，本项目实践到此结束。

习题 1

1. 变频器 P046 的参数值设置成"5"的含义是什么？P047 的参数值设置成"15"的含义是什么？C128 的参数值设置成"1"的含义是什么？

2. 变频器中与以太网络设置相关的参数有哪些？各自的含义是什么？

3. 请在变频器面板上，用手动设置的方式，将变频器的 IP 地址设置成"192.168.1.111"；子网掩码设置成"255.255.255.0"；默认网关设置成"192.168.1.1"；同时完成其他相关参数的设置。

4. 请按照如下要求完成变频器对三相异步电动机控制的项目实践（请以操作视频的形式提交本题答案）：

（1）变频器以 20Hz 的频率正向启动，持续工作 15s；

（2）再以 35Hz 的频率继续正向转动控制，持续工作 20s；

（3）暂停 1s 后，以 45Hz 的频率反向启动，持续工作 30s；

（4）以 55Hz 的频率继续反向转动，持续 25s 后，电动机停止工作；

（5）设置一个启动按钮、一个停止按钮，停止按钮可以在任意时刻实现电动机停止操作。

高速计数器及旋转编码器的应用

2.1 高速计数器相关理论知识

计数器是 PLC 内部重要的软元件之一，在以 PLC 为核心部件的自动控制系统中，这种软元件通过相应的程序实现系统的实时准确的计数。计数器在计数过程中，计数的最大速度由程序的扫描时间决定，为了得到一个可靠的计数值，计数器的输入信号必须在一个扫描周期内固定。如：PLC 中计数器的最短计数周期为程序的扫描周期，随着系统程序增加，则计数周期也将随之增加，这样 PLC 就无法检测到比程序扫描周期更短的脉冲信号，造成系统出错。

随着生产力的发展和自动化水平的提高，在越来越多的控制过程中需要对高速脉冲信号进行处理，而普通的计数方式远远不能满足要求。为此，生产厂家为 PLC 增加了处理高速脉冲的功能，即高速计数器功能。

高速计数器是 PLC 计数器中常用的一种，PLC 内部有两种计数器，一种是对 PLC 内部信号进行计数的计数器，另一种是对外部事件信号进行计数的计数器，高速计数器属于第二种。在 PLC 中，这两种计数器的责任不同、分工明确、工作上不能互相代替。

高速计数器除了可以处理高频率脉冲信号外，另一个优点就是可以区别脉冲的方向，并且有比较功能。达到比较值时，通过集成的数字量输出信号向 CPU 发出中断请求。

罗克韦尔公司生产的所有 Micro830、Micro850 和 Micro870 控制器（除了 2080-LCxx-AWB）都支持多达六个高速计数器（HSC High-Speed Counter）。Micro800 系列控制器中的 HSC 功能包含两个主要组件：高速计数器硬件（控制器中的嵌入式输入）和应用程序中的高速计数器指令。高速计数器指令在高速计数器硬件上应用配置并更新该累加器。

2.1.1 高速计数器和可编程限位开关

高速计数器用于检测窄脉冲（快脉冲），其专用指令可根据达到预设值的计数启动其他控制操作。这些控制操作包括自动立即执行高速计数器的中断程序，以及基于所设源和掩码模式即时更新输出。

通过可编程限位开关功能，用户可将高速计数器配置为 PLS（可编程限位开关）或旋转凸轮开关。

2.1.2　高速计数器的功能和操作

（1）功能

HSC 的用途极其广泛，主 HSC 有 10 种操作模式，副 HSC 有 5 种操作模式，高速计数器的部分增强功能包括：

① 100kHz 高速输出；

② 32 位带符号整型数据（计数范围：±2147483647）；

③ 可编程的预设值上限和下限，以及上溢和下溢设定值；

④ 基于累加计数的自动中断处理；

⑤ 动态更改参数（通过用户控制程序）。

（2）操作

高速计数器的操作方式如图 2-1 所示。图 2-1 是 HSC 组态为 PLS 的示意图，通过对 HSC 数据结构的设置，可以将 HSC 组态为 PLS 使用。通过图 2-1 可以看到，原 HscAppData.OFSetting 标签用作了 PLS 的 Overflow（上溢）值的设定值，且最大不超过 2147483647；HscAppData.UFSetting 标签用作了 PLS 的 Underflow（下溢）值的设定值，且最小不能低于 −2147483648；HscAppData.HPSetting 用作了 High Preset（高位置位）设定值；HscAppData.LPSetting 用作了 Low Preset（低位置位）设定值。这就相当于一个限位开关，具有 4 个档位，当 HSC 计数时会与这四个设定值进行比较，如果高于 High Preset，则 HSC 的 HscStsInfo.HpReached 会被置位；如果高于 Overflow，则 HscStsInfo.HpReached 和 HscStsInfo.OVF 都会被置位；如果低于 Low Preset，则 HscStsInfo.LPReached 会被置位；如果低于 Underflow，则 HscStsInfo.LPReached 和 HscStsInfo.UNF 都会被置位。

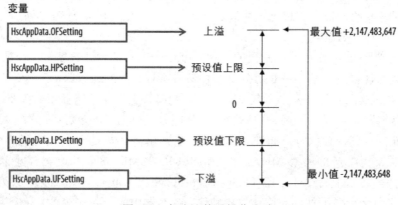

图 2-1　高速计数器操作方式

用户必须先为变量 OFSetting、HPSetting 和 UFSetting 设置正确的值，然后才能触发 Start/Run HSC，否则控制器将出现故障。

用户在使用 HSC 功能块时的建议如下。

① 将 HSCAppData 下溢设置（UFSetting）和预设值下限设置（LPSetting）设为小于 0 的值，以避免当 HSC 累加器被复位到 0 时，HSC 可能出现异常。

② 将 HSCAppData 上溢设置（OFSetting）和预设值上限设置（HPSetting）设为大于 0 的值，以避免当 HSC 累加器被复位到 0 时，HSC 可能出现异常。

2.1.3 HSC 输入和接线映射

以 Micro850（型号：2080-LC50-48QBB）控制器为例，它具有 6 个 100kHz 的高速计数器（HSC0、HSC1、HSC2、HSC3、HSC4 和 HSC5）。每个主高速计数器都带有四路专用输入，且每个副高速计数器带有两路专用输入，如表 2-1 所示。

表 2-1　HSC 类型及对应的输入

高速计数器	类型	使用的输入
HSC0	主高速计数器	I-00、I-01、I-02、I-03
HSC1	副高速计数器	I-02、I-03
HSC2	主高速计数器	I-04、I-05、I-06、I-07
HSC3	副高速计数器	I-06、I-07
HSC4	主高速计数器	I-08、I-09、I-10、I-11
HSC5	副高速计数器	I-10、I-11

HSC0 的副计数器为 HSC1，HSC2 的副计数器为 HSC3，HSC4 的副计数器为 HSC5。每组计数器共用输入。表 2-2 及表 2-3 给出了不同模式下 HSC 的专用输入。

表 2-2　HSC 输入接线映射

HSC	嵌入式输入											
	00	01	02	03	04	05	06	07	08	09	10	11
HSC0	A/C	B/D	复位	保持								
HSC1			A/C	B/D								
HSC2					A/C	B/D	复位	保持				
HSC3					A/C	B/D						
HSC4									A/C	B/D	复位	保持
HSC5											A/C	B/D

表 2-3　HSC 工作模式

工作模式	输入 0（HSC0）输入 2（HSC1）输入 4（HSC2）输入 6（HSC3）输入 8（HSC4）输入 10（HSC5）	输入 1（HSC0）输入 3（HSC1）输入 5（HSC2）输入 7（HSC3）输入 9（HSC4）输入 11（HSC5）	输入 2（HSC0）输入 6（HSC2）输入 10（HSC4）	输入 3（HSC0）输入 7（HSC2）输入 11（HSC4）	用户程序中的模式值
带内部方向的计数器（模式 1a）	加计数	未使用			0
带内部方向、外部复位和保持的计数器（模式 1b）	加计数	未使用	复位	保持	1
带外部方向的计数器（模式 2a）	加或减计数	方向	未使用		2

工作模式	输入 0（HSC0） 输入 2（HSC1） 输入 4（HSC2） 输入 6（HSC3） 输入 8（HSC4） 输入 10（HSC5）	输入 1（HSC0） 输入 3（HSC1） 输入 5（HSC2） 输入 7（HSC3） 输入 9（HSC4） 输入 11（HSC5）	输入 2（HSC0） 输入 6（HSC2） 输入 10（HSC4）	输入 3（HSC0） 输入 7（HSC2） 输入 11（HSC4）	用户程序中的模式值
带外部方向、复位和保持的计数器（模式 2b）	加或减计数	方向	复位	保持	3
双输入计数器（模式 3a）	加计数	减计数	未使用		4
带外部复位和保持的双输入计数器（模式 3b）	加计数	减计数	复位	保持	5
正交计数器（模式 4a）	A 型输入	B 型输入	未使用		6
带外部复位和保持的正交计数器（模式 4b）	A 型输入	B 型输入	Z 型复位	保持	7
正交 X4 计数器（模式 5a）	A 型输入	B 型输入	未使用		8
带外部复位和保持的正交 X4 计数器（模式 5b）	A 型输入	B 型输入	Z 型复位	保持	9

2.2　HSC 功能块及参数

2.2.1　HSC 功能块

2.2.1.1　HSC 功能块图

HSC 功能块如图 2-2 所示，可用于启动/停止 HSC 计数、刷新 HSC 状态、重新加载 HSC 设置以及复位 HSC 累加器。HSC 参数功能如表 2-4 所示。

注意：在 CCW 中高速计数器被分为两个部分：高速计数部分和用户接口部分。这两部分是结合使用的。本节主要介绍高速计数部分。用户接口部分由一个中断机制驱动，例如中断允许（UIE）、激活（UIF）、屏蔽（UID）或是自动允许中断（AutoStart），用于在高速计数器到达设定条件时，执行指定的用户中断程序，本节将简要介绍。

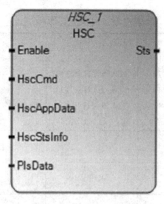

图 2-2　HSC 功能块

表 2-4　HSC 参数功能表

参数	参数类型	数据类型	参数说明
Enable	输入	BOOL	启用功能块。当 Enable=1 时，执行"HSC 命令"参数中指定的 HSC 操作；当 Enable=0 时，无 HSC 操作，且无 HSC 状态更新
HscCmd	输入	USINT	向 HSC 功能块发布执行、刷新等控制命令
HSCAppData	输入	HSCAPP	HSC 应用配置。通常仅需要初始配置
PlsData	输入	PLS	可编程限位开关（PLS）数据
HSCStsInfo	输出	HSCSTS	HSC 动态状态。在 HSC 计数期间，状态信息通常持续更新
Sts	输出	UINT	HSC 功能块执行状态
ENO	输出	BOOL	启用"输出"，仅适用于梯形图编程

2.2.1.2　HSC 功能块图示例

HSC 功能块图示例如图 2-3 所示。

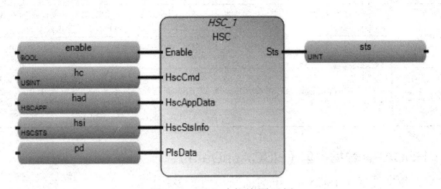

图 2-3　HSC 功能块图示例

2.2.1.3　HSC 梯形图示例

HSC 梯形图示例，如图 2-4 所示。

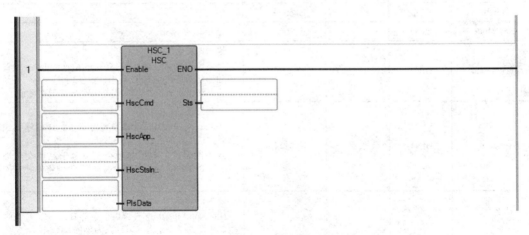

图 2-4　HSC 梯形图示例

2.2.1.4　HSC 命令参数（HscCmd）

HSC 命令参数（HscCmd），如表 2-5 所示。

表 2-5　HSC 命令参数

HSC 命令	命令描述
0x00	保留，未使用
0x01	执行 HSC：运行 HSC（如果 HSC 处于空闲模式且梯级使能）； 只更新 HSC 状态信息（如果 HSC 处于运行模式，且梯级使能）
0x02	停止 HSC（如果 HSC 处于运行模式，且梯级使能）
0x03	上载或设置 HSC 应用数据配置信息（如果梯级使能）
0x04	重置 HSC 累加值（如果梯级使能）

注意：表 2-5 中的"0x"前缀表示的是十六进制数。

HSC 命令结果如表 2-6 所示。

表 2-6　HSC 命令结果

命令值	结果	条件
HscCmd=1	启动 HSC 机制，并且 HSC 会过渡到运行模式	在运行模式中将 Enable 输入参数设置为 0 无法停止计数。必须发出 HscCmd=2 才能停止计数
	HSC 机制会自动更新值	HSCAppData.Accumulator 与 HSCSts.Accumulator 一起更新
HscCmd=4（重置）	将 HSCAcc 的值设为 HSCAppData.Accumulator 的值	HscCmd=4 不会停止 HSC 计数，如果发布 HscCmd=4 后 HSC 正在计数，则某些计数可能会丢失。要在计数时将 HSCAcc 设为特定的值，请在发布 HscCmd=4 前将值立即写入 HSCAppData.Accumulator

2.2.1.5　HSCAPP 数据类型（HSCAppData）

HSCAPP 数据类型（HSCAppData）的结构如表 2-7 所示。

表 2-7　HSCAPP 数据类型

参数	数据类型	数据格式	用户程序访问	描述
PLSEnable	BOOL	位	读取/写入	启用或禁用高速计数器可编程限位开关（PLS）
HSCID	UINT	字	读取/写入	定义 HSC
HSCMode	UINT	字	读取/写入	定义 HSC 模式
Accumulator	DINT	长字	读取/写入	累加器初始值。 当高速计数器启动时，HSCApp.Accumulator 设置累加器初始值。当 HSC 处于计数模式时，HSC 子系统会自动更新累加器，以反映 HSC 累加器实际值
HPSetting	DINT	长字	读取/写入	高预设设置。 HSCApp.HPSetting 参数设置用于定义 HSC 子系统何时生成中断的上设定点（以计数为单位）。 载入高预设的数据必须少于或等于驻留在上溢（HSCAPP.OFSetting）参数中的数据，否则将生成 HSC 错误
LPSetting	DINT	长字	读取/写入	低预设设置。 HSCApp.LPSetting 设置用于定义 HSC 子系统何时生成中断的下设定点（以计数为单位）。 载入低预设的数据必须大于或等于驻留在下溢（HSCAPP.UFSetting）参数中的数据，否则将生成 HSC 错误。 如果下溢和低预设值为负数，则低预设值必须是绝对值小于下溢值的数字

参数	数据类型	数据格式	用户程序访问	描述
OFSetting	DINT	长字	读取/写入	溢出设置。 HSCApp.OFSetting 上溢设置用于定义计数器的计数上限。 如果计数器的累加值增加至高于 UFSetting 中指定的值，则将生成上溢中断。 生成上溢中断时，HSC 子系统会将累加值重置为下溢值，计数器将从下溢值开始计数（在此过渡期间不会丢失计数）。 OFSetting 值必须是： • 介于 -2147483648 和 2147483647 之间。 • 大于下溢值。 • 大于或等于驻留在高预设（HSCAPP.HPSetting）中的数据，否则将生成 HSC 错误
UFSetting	DINT	长字	读取/写入	下溢设置。 HSCApp.UFSetting 下溢设置用于定义计数器的计数下限。 如果计数器的累加值减少至低于 UFSetting 中指定的值，则将生成下溢中断。 生成下溢中断时，HSC 子系统会将累加值重置为上溢值，计数器将从上溢值开始计数（在此过渡期间不会丢失计数）。 UFSetting 值必须是： • 介于 -2147483648 和 2147483647 之间。 • 小于上溢值。 • 小于或等于驻留在低预设（HSCAPP.LPSetting）中的数据，否则将生成 HSC 错误
OutputMask	UDINT	字	读取/写入	输出掩码。 HSCApp.OutputMask 用于定义控制器上高速计数器可以直接控制的嵌入式输出。无需与控制程序交互，HSC 子系统就可以根据 HSC 累加器的高或低预设开启（ON）或关闭（OFF）输出。 HSCApp.OutputMask 中存储的位模式定义 HSC 控制哪些输出以及 HSC 不控制哪些输出。 HSCAPP.OutputMask 位模式与控制器中的输出位相对应，并且仅能在初始设置期间配置。 设置为（1）的位已启用，并可以由 HSC 子系统来开启或关闭。 设置为（0）的位不能由 HSC 子系统开启或关闭。 例如，要使用 HSC 来控制输出 0、1、3，请按如下方式赋值： • HscAppData.OutputMask=2#1011，或 • HscAppData.OutputMask=11
HPOutput	UDINT	长字	读取/写入	达到高预设 32 位输出设置。 HSCApp.HPOutput 用于定义达到高预设时控制器上输出的状态（1=ON 或 0=OFF）。有关如何根据高预设直接开启或关闭输出的更多信息。 在初始设置期间配置高输出位模式，或在控制器操作期间使用 HSC 功能块加载新参数
LPOutput	UDINT	长字	读取/写入	达到低预设 32 位输出设置。 HSCApp.LPOutput 用于定义达到低预设时控制器上输出的状态（1= "on"，0= "off"）。有关如何根据低预设直接开启或关闭输出的更多信息。 在初始设置期间配置低输出位模式，或在控制器操作期间使用 HSC 功能块加载新参数

说明：

① HscID、HSCMode、HPSetting、LPSetting、OFSetting、UFSetting 六个参数必须设置，否则将提示 HSC 配置信息错误。上溢值最大为+2147483647，下溢值最小为−2147483647，预设值大小须对应，即高预设值不能比上溢值大，低预设值不能比下溢值小。当 HSC 计数值达到上溢值时，会将计数值置为下溢值继续计数；达到下溢值时类似。

② HSCAppData 是 HSC 组态数据，它需要在启动 HSC 前组态完毕。在 HSC 计数期间，该数据不能改变，除非需要重载 HSC 组态信息（在 HscCmd 中写 03 命令）。在 HSC 计数期间的 HSC 应用数据改变请求将被忽略。

（1）HSCApp.HSCID 参数说明

HSCApp.HSCID 参数用于标识高速计数器，如表 2-8 所示。

表 2-8　HSCApp.HSCID 说明

位	描述
15～13	HSC 的模块类型： • 0x00-嵌入式。 • 0x01-扩展。 • 0x02-插件端口。
12～8	模块的插槽 ID： • 0x00-嵌入式。 • 0x01-0x1F-扩展模块的 ID。 • 0x01-0x05-插件端口的 ID。
7～0	模块中的 HSC ID： • 0x00-0x0F-嵌入式。 • 0x00-0x07-HSC 的扩展 ID。 • 0x00-0x07-HSC 的插件端口 ID。 对于初始版 Connected Components Workbench，仅支持 ID 0x00-0x05。

HSCApp.HSCID 参数的使用说明：将表 2-8 中各位按照实际的使用需求，将各位的信息数据组合为一个无符号整数，写到 HSCAppData 的 HscID 位置上即可。例如，选择控制器自带的第一个 HSC 接口，即 15～13 位为 0，表示本地的 I/O；12～8 位为 0，表示本地的通道，非扩展或嵌入模块；7～0 位为 0，表示选择第 0 个 HSC，这样最终就在 HscID 位置上写入 0，并且务必按下"回车键"确认。

（2）HSCApp.HSCMode 参数说明

HSCApp.HSCMode 参数说明如表 2-9 所示，它用于将高速计数器设置为 10 种计数模式类型之一。模式值可通过编程设备配置，并可在控制程序中访问。

表 2-9　HSCApp.HSCMode 参数说明

HSCMode	计数模式
0	增序计数器。累加器会在其达到高预设时立即清零（0）。此模式下不能定义低预设
1	带有外部重置和保存功能的增序计数器。累加器会在其达到高预设时立即清零（0）。此模式下不能定义低预设
2	采用外部方向的计数器
3	采用外部方向并具有重置和保存功能的计数器
4	双输入计数器（向上和向下）
5	具有外部重置和保存功能的双输入计数器（向上和向下）

HSCMode	计数模式
6	正交计数器（带相位输入 A 和 B）
7	具有外部重置和保存功能的正交计数器（带相位输入 A 和 B）
8	正交 X4 计数器（带相位输入 A 和 B）
9	具有外部重置和保存功能的正交 X4 计数器（带相位输入 A 和 B）

HSC 操作模式中，主 HSC 和副 HSC 支持不同模式：

① 主高速计数器支持 10 种操作模式。

② 副高速计数器支持 5 种操作模式（模式 0、2、4、6、8）。

③ 如果将主高速计数器设置为模式 1、3、5、7 或 9，则禁用副高速计数器。

（3）HSCAppData 参数示例

在图 2-5 中展示了变量选择器中的 HSCAppData 参数。

名称	别名	数据类型	维度	项目值	初始值	注释	字符串大小
HSC_1		HSC					
HSC_1.Enable		BOOL				启用功能块	
HSC_1.HscCmd		USINT				请参见 HSC 命令值。	
HSC_1.HscAppData		HSCAPP		...	...	HSC 应用程序配置。	
HSC_1.HscAppData.PlsEnable		BOOL					
HSC_1.HscAppData.HscID		UINT			0		
HSC_1.HscAppData.HscMode		UINT			2		
HSC_1.HscAppData.Accumulator		DINT					
HSC_1.HscAppData.HPSetting		DINT					
HSC_1.HscAppData.LPSetting		DINT					
HSC_1.HscAppData.OFSetting		DINT					
HSC_1.HscAppData.UFSetting		DINT					
HSC_1.HscAppData.OutputMask		UDINT					
HSC_1.HscAppData.HPOutput		UDINT					
HSC_1.HscAppData.LPOutput		UDINT					
HSC_1.HscStsInfo		HSCSTS		...	...	HSC 动态状态。	
HSC_1.PlsData					...	可编程限位开关 (PLS) 数据结构	
HSC_1.Sts		UINT				执行状态。请参见 HSC 状态值。	

图 2-5　HSCAppData 参数示例

2.2.1.6　HSCSTS 数据类型结构（HSCStsInfo）

HSCSTS 数据类型结构（HSCStsInfo）如表 2-10 所示，它可以显示 HSC 的各种状态，大多是只读数据。其中的一些标志可以用于逻辑编程。

表 2-10　HSCSTS 数据类型

参数	数据类型	HSC 模式	用户程序访问	描述
CountEnable	BOOL	0～9	只读	已启用计数。
ErrorDetected	BOOL	0～9	读取/写入	非零意味着检测到错误。
CountUpFlag	BOOL	0～9	只读	向上计数标志。
CountDwnFlag	BOOL	2～9	只读	向下计数标志。
Mode1Done	BOOL	0 或 1	读取/写入	HSC 是模式 1A 或模式 1B；累加器向上计数到 HP 值。
OVF	BOOL	0～9	读取/写入	检测到上溢。
UNF	BOOL	0～9	读取/写入	检测到下溢。

参数	数据类型	HSC 模式	用户程序访问	描述
CountDir	BOOL	0~9	只读	1：向上计数；0：向下计数。
LPReached	BOOL	2~9	读取/写入	达到低预设
HPReached	BOOL	2~9	读取/写入	达到高预设
OFCauseInter	BOOL	0~9	读取/写入	上溢造成 HSC 中断。
UFCauseInter	BOOL	2~9	读取/写入	下溢造成 HSC 中断。
HPCauseInter	BOOL	0~9	读取/写入	达到高预设，从而造成 HSC 中断。
LPCauseInter	BOOL	2~9	读取/写入	达到低预设，从而造成 HSC 中断。
PlsPosition	UINT	0~9	只读	可编程限位开关（PLS）的位置。完成完整周期并达到 HP 值后，PLSPosition 参数被复位。
ErrorCode	UINT	0~9	读取/写入	显示 HSC 子系统检测到的错误代码。
Accumulator	DINT		读取/写入	实际累加器读取。
HP	DINT		只读	最终高预设设置。
LP	DINT		只读	最终低预设设置。
HPOutput	UDINT		读取/写入	最终高预设输出设置。
LPOutput	UDINT		读取/写入	最终低预设输出设置。

关于 HSC 状态信息数据结构（HSCSTS）说明如下：

① 在 HSC 执行的周期里，HSC 功能块在"0x01"（HscCmd）命令下，状态将会持续更新。

② 在 HSC 执行的周期里，如果发生错误，错误检测标志将会打开，不同的错误情况对应如表 2-11 所示的错误代码。

表 2-11 HSC 错误代码

错误代码位	HSC 计数时错误代码	错误描述
15~8（高字节）	0~255	高字节非零表示 HSC 错误由 PLS 数据设置导致 高字节的数值表示触发错误 PLS 数据中数组编号
7~0（低字节）	0x00	无错误
	0x01	无效 HSC 计数模式
	0x02	无效高预设值
	0x03	无效上溢
	0x04	无效下溢
	0x05	无 PLS 数据

2.2.1.7 PLS 数据结构（PlsData）

可编程限位开关（PLS）数据是一个数组，每个数组包括高低预设值以及上下溢出值。PLS 功能是 HSC 操作模式的附加设置。当允许该模式操作时（PLSEnable 选通），每次达到一个预设值，预设和输出数据将向用户提供数据更新（即 PLS 数据中下一组数组的设定值）。所以，当需要对同一个 HSC 使用不同的设定值时，用户可以通过 PLS 数据结构实现。PLS 数据结构是一个大小可变的数组。

注意，一个 PLS 数据体的数组个数不能大于 255。当 PLS 没有使能时，PLS 数据结构可以不用定义。表 2-12 列出每个数组的基本元素。

表 2-12　PLS 数据结构元素作用表

命令元素	数据类型	元素描述
字 0～1	DINT	高预设值设置
字 2～3	DINT	低预设值设置
字 4～5	UDINT	高位输出预设值
字 6～7	UDINT	低位输出预设值

HSC 状态值代码（Sts 上对应的输出），如表 2-13 所示。

表 2-13　HSC 状态值

HSC 状态值	状态描述
0x00	无动作（没有使能）
0x01	HSC 功能块执行成功
0x02	HSC 命令无效
0x03	HSC ID 超过有效范围
0x04	HSC 配置错误

在使用 HSC 计数时，注意设置滤波参数，否则 HSC 将无法正常计数。该参数在硬件信息中使用的是 HSC0，其输入编号是输入 0～1，相关设置如图 2-6 所示。

图 2-6　设置滤波参数

高数计数器一般用于计数达到要求后触发中断，进而处理用户自定义的中断程序。中断的设置在硬件信息中能够找到，只需在图 2-7 中点击"中断"即可。

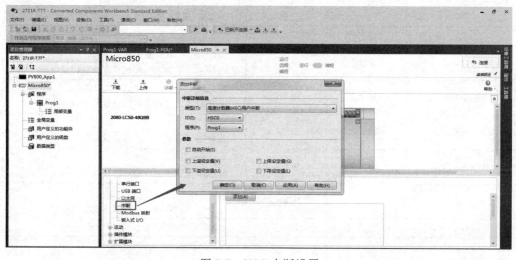

图 2-7　HSC 中断设置

图 2-7 中，选择的是 HSC 类型的用户中断，触发该中断的是 HSC0，将要执行的中断程序是 Prog1。该对话框中还看到参数中的"自动开始"，当它被置为真时，只要控制器进入任何"运行"或"测试"模式，HSC 类型的用户中断将自动执行，该位的设置将作为程序的一部分被存储起来。

2.2.2 HSC_SET_STS 功能块

（1）HSC_SET_STS 功能块简介

HSC_SET_STS（高速计数器设置状态）如图 2-8 所示，参数说明如表 2-14 所示。它可用于更改 HSC 计数状态，当 HSC 不计数时（停止时）会调用该功能块。HSC_SET_STS 功能块支持"功能块图"、"梯形图"和"结构化文本"语言。

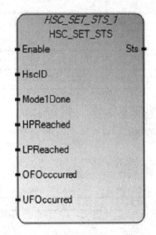

图 2-8　HSC_SET_STS 功能块

表 2-14　HSC_SET_STS 参数说明

参数	参数类型	数据类型	描述
Enable	输入	BOOL	启用指令块。 TRUE—设置/复位 HSC 状态。 FALSE—HSC 状态不变。
HscID	输入	UINT	手动设置或重置 HSC 状态。
Mode1Done	输入	BOOL	模式 1A 或 1B 计数完成。 当 HSC 未计数时，可以设置或复位该位。
HPReached	输入	BOOL	达到高预设。 当 HSC 未计数时，可以设置或复位该位。
LPReached	输入	BOOL	达到低预设。 当 HSC 未计数时，可以设置或复位该位。
OFOccurred	输入	BOOL	发生溢出。 当 HSC 未计数时，可以设置或复位该位。
UFOccurred	输入	BOOL	发生下溢。 当 HSC 未计数时，可以设置或复位该位。
Sts	输出	UINT	状态代码在 HSC 状态代码（Sts）中定义。
ENO	输出	BOOL	启用"输出"。 仅适用于梯形图编程。

（2）HSC_SET_STS 功能块图示例

HSC_SET_STS 功能块图示例如图 2-9 所示。

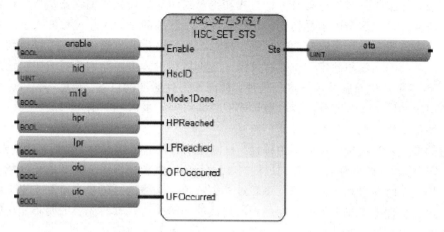

图 2-9　HSC_SET_STS 功能块图示例

（3）HSC_SET_STS 梯形图示例

HSC_SET_STS 梯形图示例如图 2-10 所示。

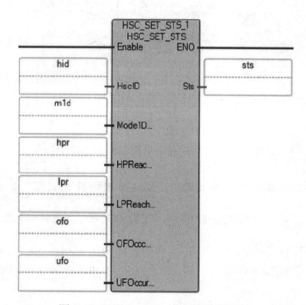

图 2-10　HSC_SET_STS 梯形图示例

2.3　旋转编码器

（1）旋转编码器简介

旋转编码器是集光机电技术于一体的速度位移传感器。它通过光电原理或电磁原理将一个机械的几何位移量转化为电子信号（电子脉冲信号或者数据串）。这种电子信号通常需要连接到控制系统（PLC、高速计数器模块以及变频器等），控制系统经过计算便可以得到测量的数据，以便进一步工作。旋转编码器一般应用于机械角度、速度和位置的测量。

（2）旋转编码器的分类

旋转编码器按照其工作原理分为增量式和绝对式两类。增量式编码器是将位移转换成周期性的电信号，再把这个电信号转变成计数脉冲，用脉冲的个数表示位移的大小。绝对式编码器的每一个位置对应一个确定的数字码，根据起始和终止的位置信息，可以得到位移量。绝对式编码器的输出线与数字码位数有关系，且价格相对较贵，而增量式编码器输出信号，通过 PLC 或者单片机对脉冲信号进行处理，就能够得到运动的位置、速度等信息，价格相对便宜，应用较为广泛。本部分内容以增量式旋转编码器为主进行介绍。

（3）增量式旋转编码器的组成及工作原理

典型的增量式光电旋转编码器由码盘、检测光栅、光电转换电路（包括光源、光敏器件、信号转换电路）、机械部件等组成，如图 2-11 所示。码盘和光栅板上刻有透光缝隙，当码盘随被测转轴旋转时，检测光栅不动，每转过一个缝隙，光线透过码盘和检测光栅上的缝隙照射到光电检测器件上，光电管会感受到一次光线的明暗变化，并将光线的明暗变化转变成近似于正弦波的电信号，经过整形和放大等处理之后变换成脉冲信号。

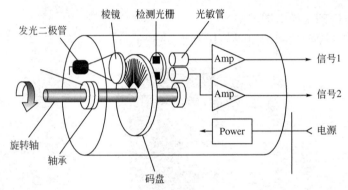

图 2-11　增量式光电旋转编码器内部结构

增量式旋转编码器在旋转过程中能输出二组（A 相和 B 相）或三组（A 相、B 相和 Z 相）有一定相位时序差的周期性变化的脉冲信号。在检测光栅上刻两组透光缝隙，彼此错开 $\frac{1}{4}$ 节距，使得光电检测器件输出的信号（A 相和 B 相）在相位上相差 90°。此外，在光电码盘的里圈里还有一条透光缝隙，码盘每转一圈，产生一个脉冲（Z 相），该脉冲信号称为零标志脉冲，作为测量基准。

当旋转编码器随被测轴正（反）转时，A 相、B 相和 Z 相输出的信号如图 2-12 和图 2-13 所示。编码器旋转一圈输出 A 相或 B 相脉冲个数，主要由码盘上的透光缝隙决定。

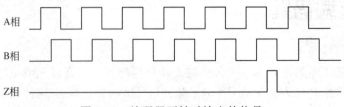

图 2-12　编码器正转时输出的信号

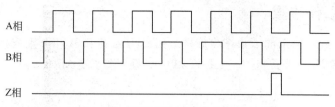

图 2-13　编码器反转时输出的信号

由图 2-12 和图 2-13 可知，正转时 A 相超前 B 相 90°，反转时 B 相超前 A 相 90°，因此可根据 A 相和 B 相信号的相位关系测出被测轴的转动方向。另外，根据 A 相或 B 相信号的脉冲个数可测出被测轴的角位移，根据脉冲的频率可以测出被测轴的转速。Z 相在编码器每转一圈时会产生一个脉冲，可作为被测轴的定位基准信号，也可用来测量被测轴的旋转圈数计数信号。

2.4　高速计数器及旋转编码器的应用

2.4.1　项目实践题目

通过高速计数器与旋转编码器的配合工作，对滚珠丝杠的实际螺距（单位：脉冲数/毫米）进行精确测量。

2.4.2　预备知识

（1）旋转编码器

本项目所使用的增量式旋转编码器的型号是 LPD3806-360BM-G5-24C。通过查阅相关资料，得出关于这个增量式旋转编码器重要数据如下。

① 3806：增量式旋转编码器的外径 38mm，轴径是 6mm；

② 360：增量式旋转编码器的分辨率，当编码器的码盘旋转一圈时，输出 360 个脉冲信号；

③ G5-24：增量式旋转编码器的供电电压是直流 5～24V；

④ C：NPN 型集电极开路输出。

（2）滚珠丝杠

本项目所使用的滚珠丝杠的型号是 1204，通过查询，得出如下重要数据。

① 12：滚珠丝杠的直径是 12mm；

② 04：滚珠丝杠的螺距是 4mm，即滚珠丝杠旋转 1 圈，滑块指针的行程为 4mm。

（3）通过计算得出相关数据

当增量式旋转编码器和滚珠丝杠都在理想状态下，滚珠丝杠滑台的指针每移动 1mm 时，旋转编码器读取 90 个脉冲。计算公式如下：

$$360÷4=90（脉冲/mm）$$

但实际情况会有些许误差，需要精确测量，但是变化的区间范围在 90 脉冲/mm 上下浮动。为了保证滚珠丝杠在实际的工作中能够实现精确定位，就必须通过实践操作，测量出精确的"脉冲数/mm"。

2.4.3 具体操作步骤

① 按照如图 2-14 所示的要求，将旋转编码器的 A 相和 B 相分别连接到 Micro850 控制器 I-08 和 I-09 两个输入端子上。（注：I-08 和 I-09 两个端子是 Micro850 控制器 HSC4 高速计数器的两个输入端子）

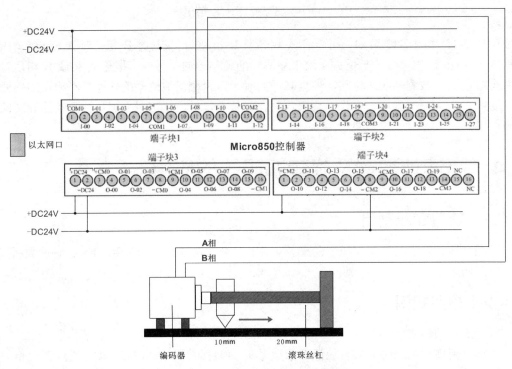

图 2-14　Micro850 控制器接线图

② 启动 CCW 软件，建立如图 2-15 所示的局部变量，并根据图示的要求对图中的相关变量完成初始值的赋值操作，各个变量初始值的含义如表 2-15 所示。

名称	别名	数据类型	维度	项目值	初始值	注释	字符串大小
+ HSC_1		HSC			...		
HSC_a		USINT			1		
- HSC_b		HSCAPP			...		
HSC_b.PlsEnable		BOOL			FALSE		
HSC_b.HscID		UINT			4		
HSC_b.HscMode		UINT			6		
HSC_b.Accumulator		DINT					
HSC_b.HPSetting		DINT			99999		
HSC_b.LPSetting		DINT			-99999		
HSC_b.OFSetting		DINT			100000		
HSC_b.UFSetting		DINT			-100000		
HSC_b.OutputMask		UDINT					
HSC_b.HPOutput		UDINT					
HSC_b.LPOutput		UDINT					
+ HSC_c		HSCSTS			...		
+ HSC_d		PLS		[1..1]	...		

图 2-15　局部变量图

表 2-15　新建变量及类型

变量名	初始值	含义
HSC_a（HscCmd）	1	启动 HSC 机制，并且 HSC 会过渡到运行模式
HSC_b.PlsEnable	FALSE	禁用高速计数器可编程限位开关
HSC_b.HscID	4	使用的 HSC4 高速计数器
HSC_b.HscMode	6	定义高速计数器模式为正交计数器（带相位输入 A 和 B）
HSC_b.HPSetting	99999	高预设设置
HSC_b.LPSetting	−99999	低预设设置
HSC_b.OFSetting	100000	溢出设置（比高预设值多 1 即可）
HSC_b.UFSetting	−100000	下溢设置（比低预设值少 1 即可）

③ 在 CCW 软件中，完成如图 2-16 所示的梯形图程序设计。

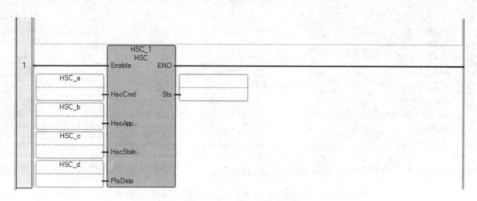

图 2-16　梯形图设计

④ 在 CCW 软件中，按照图 2-17 所示的要求进行嵌入式 I/O 口设置。说明：嵌入式 I/O 口中 "8-9" 是 Micro850 控制器 HSC4 高速计数器的两个输入端。

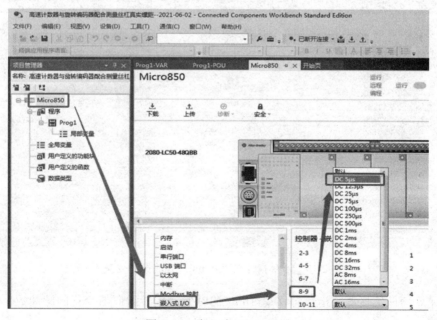

图 2-17　嵌入式 I/O 口设置

⑤ 将图 2-14 中滚珠丝杠滑台上的指针定位到标尺的"10mm"处。

⑥ 将梯形图程序下载到 Micro850 控制器中并运行程序。在程序运程的过程中，按照图 2-18 所示的要求，打开局部变量表，并在后续的操作过程中重点关注"HSC_b.Accumulator"参数值的变化过程，做好记录最终参数值的准备工作。说明：在项目实践的过程中，"HSC_b.Accumulator"表示当滚珠丝杠上滑台指针移动时，旋转编码器读取到的脉冲数（脉冲数=起始位置"10mm"处的脉冲数-终点位置"20mm"处的脉冲数）。

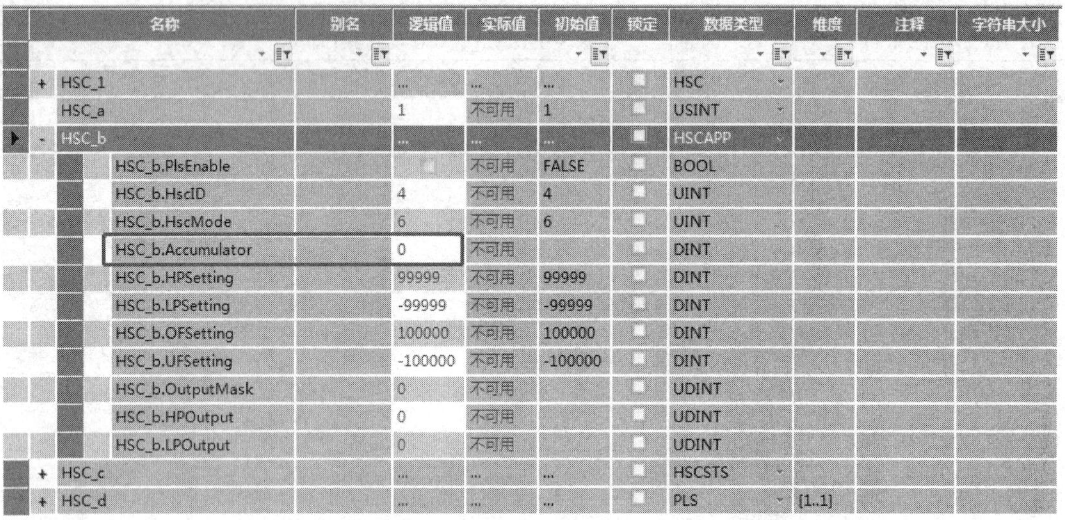

		名称	别名	逻辑值	实际值	初始值	锁定	数据类型	维度	注释	字符串大小
		▼ ⊞▼	▼ ⊞▼	▼ ⊞▼		▼ ⊞▼		▼ ⊞▼	▼ ⊞▼	▼ ⊞▼	▼ ⊞▼
	+	HSC_1		...	...	...	☐	HSC			
		HSC_a		1	不可用	1	☐	USINT			
▶	-	HSC_b		...		...	☐	HSCAPP			
		HSC_b.PlsEnable		☐	不可用	FALSE	☐	BOOL			
		HSC_b.HscID		4	不可用	4	☐	UINT			
		HSC_b.HscMode		6	不可用	6	☐	UINT			
		HSC_b.Accumulator		0	不可用		☐	DINT			
		HSC_b.HPSetting		99999	不可用	99999	☐	DINT			
		HSC_b.LPSetting		-99999	不可用	-99999	☐	DINT			
		HSC_b.OFSetting		100000	不可用	100000	☐	DINT			
		HSC_b.UFSetting		-100000	不可用	-100000	☐	DINT			
		HSC_b.OutputMask		0	不可用		☐	UDINT			
		HSC_b.HPOutput		0	不可用		☐	UDINT			
		HSC_b.LPOutput		0	不可用		☐	UDINT			
	+	HSC_c		...		...	☐	HSCSTS			
	+	HSC_d		...		...	☐	PLS ▼	[1..1]		

图 2-18　滑台指针在"10mm"处的局部变量表

⑦ 通过手动旋转滚珠丝杠，将滑台的指针由"10mm"精确地移动到"20mm"处，记录如图 2-19 所示"HSC_b.Accumulator"的最终参数值。

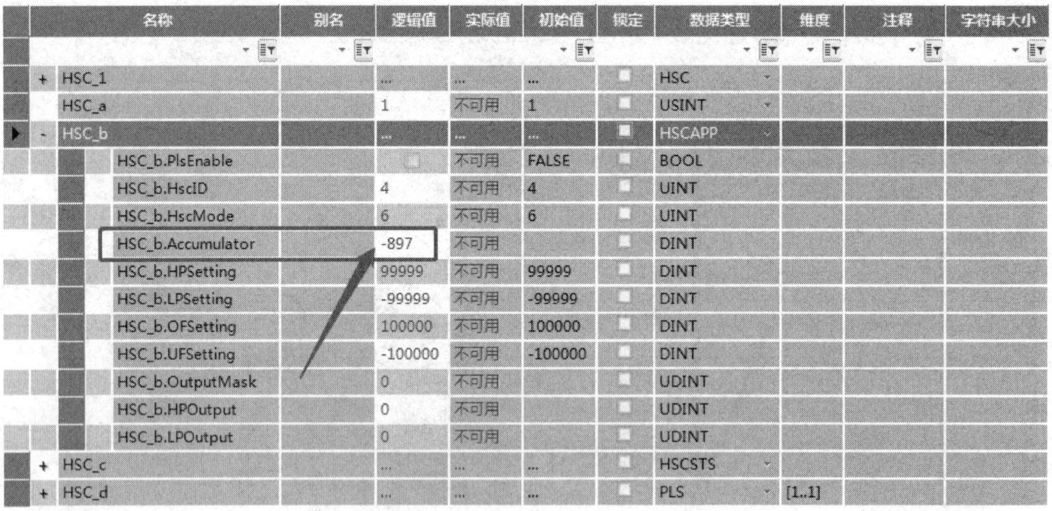

		名称	别名	逻辑值	实际值	初始值	锁定	数据类型	维度	注释	字符串大小
		▼ ⊞▼	▼ ⊞▼	▼ ⊞▼		▼ ⊞▼		▼ ⊞▼	▼ ⊞▼	▼ ⊞▼	▼ ⊞▼
	+	HSC_1		...	...	...	☐	HSC ▼			
		HSC_a		1	不可用	1	☐	USINT ▼			
▶	-	HSC_b		...		...	☐	HSCAPP			
		HSC_b.PlsEnable		☐	不可用	FALSE	☐	BOOL			
		HSC_b.HscID		4	不可用	4	☐	UINT			
		HSC_b.HscMode		6	不可用	6	☐	UINT			
		HSC_b.Accumulator		-897	不可用		☐	DINT			
		HSC_b.HPSetting		99999	不可用	99999	☐	DINT			
		HSC_b.LPSetting		-99999	不可用	-99999	☐	DINT			
		HSC_b.OFSetting		100000	不可用	100000	☐	DINT			
		HSC_b.UFSetting		-100000	不可用	-100000	☐	DINT			
		HSC_b.OutputMask		0	不可用		☐	UDINT			
		HSC_b.HPOutput		0	不可用		☐	UDINT			
		HSC_b.LPOutput		0	不可用		☐	UDINT			
	+	HSC_c		...		...	☐	HSCSTS			
	+	HSC_d		...		...	☐	PLS ▼	[1..1]		

图 2-19　滑台指针在"20mm"处的局部变量表

⑧ 计算滚珠丝杠滑台指针每移动 1mm 的时候，旋转编码器变化的脉冲数。计算公式如下。

$$(897-0)\div10=89.7\text{（脉冲/mm）}$$

⑨ 通过本项目的实践，我们精确地测量并计算出了滚珠丝杠上的滑台指针每移动 1mm 时，旋转编码器采样到了 89.7 个脉冲，本项目到此结束。

习题 2

1．Micro850 控制器有几个高速计数器？分别与哪些输入端口对应？

2．如果用高速计数器采样旋转编码器所产生的脉冲，为什么 Micro850 控制器相关嵌入式 I/O 口的采样时间要设置成"5μs"？

3．结合本章的项目实践，高速计数器的工作模式为什么设置成"6"？

4．本章的项目实践中，如果不测量出精确的"脉冲数/毫米"会有什么后果？

第3章

PanelView800系列图形终端的应用

3.1 PanelView800 系列图形终端相关理论知识

3.1.1 2711R-T7T 工业触摸屏简介

3.1.1.1 PanelView800 系列图形终端概述

Allen-Bradley PanelView800 系列图形终端是由罗克韦尔公司生产的典型工业触摸屏。

PanelView800 终端提供 4 英寸、7 英寸和 10 英寸三种显示屏尺寸，对应的产品目录号分别是：2711R-T4T、2711R-T7T 和 2711R-T10T。配备 800MHz CPU 处理器、最高 256MB 闪存、动态存储器，启动时间更短，速度可达到之前 PanelView Component 终端的两倍。新款终端还具备更好的触摸屏响应，可配置为纵向或标准横向模式，安装更为灵活。

PanelView800 系列终端以罗克韦尔自动化 Connected Components Workbench 软件为基础，可帮助机器制造商简化工程设计和组态，更快完成安装和启动。该系列图形终端是可视化要求的理想之选，可用于泵站、包装机、贴标机以及拉伸缠膜机等场合。

Connected Components Workbench 软件 8.0 版本支持 PanelView800 图形终端，让机器制造商可以在通用的环境中完成 Micro800 控制器的编程和 Allen-Bradley PowerFlex 系列变频器的组态，如图 3-1 所示。

3.1.1.2 PanelView800 系列图形终端的特点

PanelView800 系列图形终端具有如下特点。

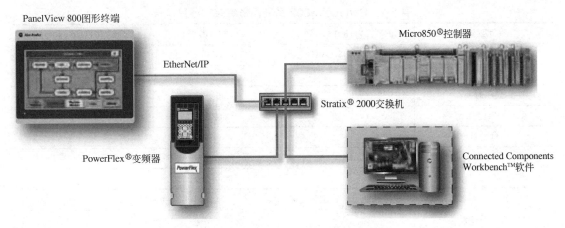

图 3-1 PanelView800 图形终端应用

（1）兼容微型和小型控制器

① 可连接到 Micro800、MicroLogix 和 CompactLogix 5370 控制器，使其适用于小型和中型应用；

② 通过终端与 Micro800 和 CompactLogix 控制器之间的 CIP 直通和桥接节省时间；

③ 允许用户直接通过控制器上传或下载应用程序，从而提高可用性；

④ 通过直接引用标签优化终端与 Micro800 控制器的连接支持远程监控；

⑤ 允许操作员通过虚拟网络计算（VNC）服务器远程监视和配置终端，从而最大限度地缩短停机时间；

⑥ 通过密码保护控制人员对终端的访问；

⑦ 通过启用或禁用未使用的 Ethernet/IP 或串行端口，限制与终端进行未经授权的连接。

（2）多功能显示

① 通过支持人机界面（HMI）以横向和纵向两种模式进行安装和显示，使机器极具灵活性；

② 通过多语言支持，改进操作员与终端的通信。

（3）多个通信协议

允许用户通过多种通信协议连接终端与控制器及其他设备，从而缩短机器设置时间，具体通信协议包括：串行（RS232、RS422/485）、Modbus RTU、Ethernet/IP 和 Modbus TCP 等。

（4）易用性

① 允许用户在终端上修改或删除配方名称，从而节省时间并提高生产率；

② 通过单步操作即可上传和下载配方值，缩短编程时间；

③ 以 *.csv 格式保存配方，以便进行备份或离线修改；

④ 通过 Ethernet/IP 从终端直接上传应用，提高可用性。

3.1.2 PanelView800 系列图形终端产品目录号

PanelView800 系列图形终端产品目录号如表 3-1 所示。

表 3-1　PanelView800 系列图形终端产品目录号

产品目录号	2711R-T4T	2711R-T7T	2711R-T10T
分辨率	480×272 WQVGA	800×480 WVGA	800×600 SVGA
显示屏类型	TFT 触摸屏，宽 LCD		
显示时间	40000 个小时		
颜色	65K 色		
背光灯	LED		
电源	24V DC		
处理器，CPU 速度	800MHz		
操作员输入	电阻式触摸和触摸功能键	电阻式触摸	
内部存储器	256MB		
RAM	256MB DDR		
带电池的实时时钟	是		
工作温度	0～50℃		
RS232/RS422/485（隔离型）	RS232 和 RS422/RS485		
以太网 10/100Mbps	1		
USB 主机（USB2.0）	是		
MicroSD 插槽	是		
控制器连接	Micro800、MicroLogix、CompactLogix5370*控制器		
产品尺寸（mm）（高×宽×厚）	116×138×43	144×197×54	225×287×55
面板开孔（mm）（高×宽）	99×119	125×179	206×269
重量	0.35kg	0.68kg	1.57kg
面板防护等级	IP65、NEMA 4X、12 和 13		
软件	Connected Components Workbench 软件，版本 8 或更高版本		

3.2　2711R-T7T 工业触摸屏概述

　　2711R-T7T 工业触摸屏是 PanelView800 系列图形终端中的一款典型产品，如图 3-2 所示，功能如表 3-2 所示。下面将以 2711R-T7T 工业触摸屏为重点进行介绍。

表 3-2　功能说明

序号	说明	序号	说明
1	电源状态 LED	7	可更换式实时时钟电池
2	触摸屏	8	USB 主机端口
3	安装槽	9	诊断状态指示灯
4	RS-422 和 RS-485 端口	10	Micro SD 卡槽
5	RS-232 端口	11	24V 直流电源输入
6	10/100 MBit Ethernet 端口	12	USB 设备端口（并非供客户使用）

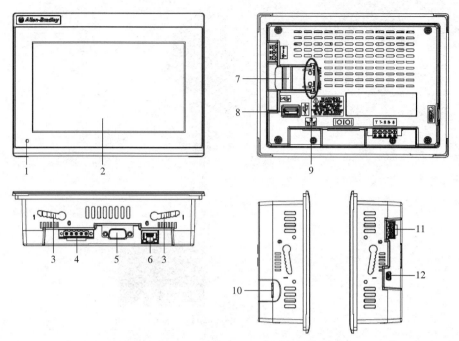

图 3-2 2711R-T7T 工业触摸屏

3.2.1 关于 USB 和以太端口的说明

（1）关于 USB 端口

PanelView800 显示屏有一个 USB 设备端口，支持使用 TCP/IP 与显示屏通信。USB 设备端口仅用于维护目的，并非用于正常运行操作，USB 设备端口并非供客户使用。

（2）关于以太网端口

① PanelView800 显示屏具有一个以太网端口。以太网端口支持静态 IP 地址和通过动态主机配置协议（DHCP）分配的 IP 地址。如果使用静态 IP 地址，则需要手动设置 IP 地址、子网掩码和默认网关。如果使用 DHCP，则服务器自动分配 IP 地址、子网掩码、默认网关以及 DNS 和 WINS 服务器。

② 如果将终端设置为使用 DHCP，但终端未联网或网络中没有 DHCP 服务器（或服务器不可用），则终端将为自身自动分配一个私有 IP 地址（或自动 IP 地址）。自动 IP 地址的范围为 169.254.0.0～169.254.255.255。

③ 终端确保自动 IP 地址是唯一的，不同于网络中其他设备的自动 IP 地址。

3.2.2 2711R-T7T 工业触摸屏终端配置

本部分内容涉及关于如何配置 2711R-T7T 工业触摸屏主题，主要包括：配置接口、显示屏设置、管理应用程序和文件、创建应用程序、上传和下载应用程序、传送应用程序及传送用户自定义对象。下面分别进行介绍。

3.2.2.1 配置接口

终端可通过工控机上的浏览器界面或终端上的配置画面来配置。浏览器接口需要通过以太网，将工控机浏览器连接到 2711R-T7T 工业触摸屏的 Web 服务，2711R-T7T 工业触摸屏的配置数据是指所有系统接口参数的集合。访问 2711R-T7T 工业触摸屏的配置如图 3-3 所示。

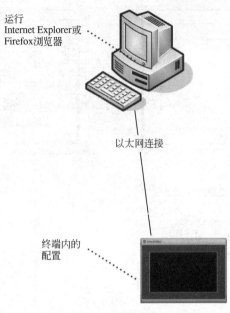

运行
Internet Explorer或
Firefox浏览器

以太网连接

终端内的
配置

图 3-3　配置端口

通过触摸屏上的接口可更改触摸屏设置。菜单显示在显示屏画面的左侧，不管应用程序是否运行，均可进行更改。终端界面主菜单如图 3-4 所示。

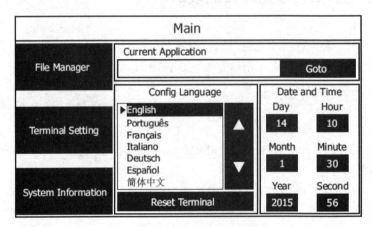

图 3-4　终端界面

3.2.2.2　终端设置

通过 PanelView Explorer 浏览器界面或终端上的界面进行配置。调节终端设置主要包括：更改显示屏语言、更改当前日期和时间、重启或复位显示屏、导入或导出应用程序、更改启动应用程序、复制或编辑应用程序的配方、复制应用程序的报警历史、更改应用程序的控制器设置、更改以太网设置、更改虚拟网络计算（VNC）设置等内容，大部分设置将立即生效。用户可以在如图 3-4 所示的主配置画面上执行以下操作：转到当前应用程序、选择终端语言、更改日期和时间和重新启动终端操作。

（1）转到当前应用程序

当前应用程序显示当前在终端上运行的应用程序名称。可以在图 3-4 中，按下 Goto（转到）按钮切换到该应用程序；如果没有应用程序正在运行，则该字段为空。

（2）选择终端语言

终端出厂时已安装英语、葡萄牙语、法语、意大利语、德语、西班牙语和简体中文等语言。要更改显示屏语言，请按以下步骤操作。

① 转到主配置界面，如图 3-4 所示。

② 使用向上和向下箭头键选择语言，更改将立即生效。

（3）更改日期和时间

用户可调节显示屏操作的当前日期和时间，时间以 24 小时格式进行设置。如果使用 PanelView Explorer，用户还可将显示屏设为自动调节为夏令时时间。要更改终端的日期和时间，请按以下步骤操作。

① 转到主配置界面，如图 3-4 所示。

② 在"Date and Time"（日期和时间）区域下方单击想要更改的数字，将显示一个数字键盘，如图 3-5 所示。

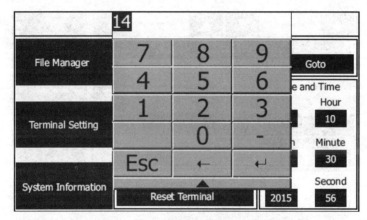

图 3-5　日期和时间设置界面

③ 依次输入当前的日期和时间，然后按下回车键，即可完成日期和时间的设置工作。

（4）重新启动终端

用户可重新启动显示屏，而无须断开和重新接通电源。重新设置后，显示屏执行一系列启动测试，然后选择进入配置模式或运行启动应用程序。用户可以按如下步骤操作，在终端侧重启终端。

① 转到主配置界面，如图 3-4 所示。

② 按下 Reset Terminal（复位显示屏），如图 3-6 所示。

③ 按下 Yes（是）进行确认。

3.2.2.3　文件管理器设置

在图 3-4 的主配置画面上，按下 File Manager（文件管理器）转到 File Manager（文件管理器）画面，如图 3-7 所示。用户可以在 File Manager（文件管理器）中导出应用程序、导入应用程序、更改启动应用程序、复制或编辑配方、复制报警历史和更改应用程序的控制器设置等操作。

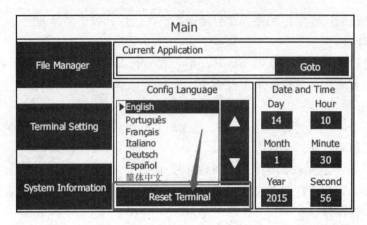

图 3-6 复位显示屏

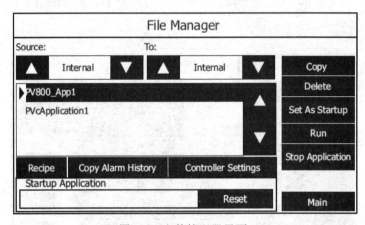

图 3-7 文件管理器界面

（1）导出应用程序

用户在导出期间，可以将应用程序文件从终端的内部存储器传送到 USB 闪存盘或 MicroSD 卡。使用默认名称保存应用程序且将其保存为*.cha 文件类型。要从终端导出应用程序，请按以下步骤操作：

① 转到如图 3-7 所示的 File Manager（文件管理器）画面；

② 选择 Internal（内部）作为文件的源位置；

③ 从 To（目标路径）列表选择复制应用程序的位置：USB 或 MicroSD 卡中；

④ 从 Name（名称）列表中选择应用程序的名称；

⑤ 按下 Copy（复制）。

（2）导入应用程序

用户在导入期间，可以将*.cha 应用程序文件从 USB 闪存盘或 MicroSD 卡传送到终端的内部存储器。传送操作与显示屏进行通讯，以导入文件。如果用户无法覆盖正在运行的应用程序，则必须首先卸载当前应用程序，然后才能覆盖应用程序。要从显示屏导入应用程序，请按以下步骤操作：

① 转到如图 3-7 所示的 File Manager（文件管理器）画面；

② 从 Source（来源）列表选择应用程序的源位置：USB 或 MicroSD 卡；

③ 选择 Internal（内部）作为文件的目标位置；

④ 从 Name（名称）列表中选择应用程序的名称；

⑤ 按下 Copy（复制）。

用户将应用程序传送到显示屏的内部存储器时，如果内部存储器中已经存在具有相同名称的应用程序，则系统将询问是否要替换现有的应用程序。

（3）更改启动应用程序

用户在每次启动终端时，可以选择或更改在终端中运行的应用程序。用户只能运行存储在显示屏内部存储器中的应用程序，或将其设为启动应用程序。如果应用程序列表为空，则运行、复制、删除和设为启动功能将不执行任何操作。要从终端选择或更改启动应用程序，请按以下步骤操作：

① 转到如图 3-7 所示的 File Manager（文件管理器）画面；

② 在 Source（来源）列表中选择 Internal（内部）；

③ 从 Name（名称）列表中选择启动应用程序的名称；

④ 单击 Set As Startup（设为启动）。

（4）复制或编辑配方

用户可从 USB 设备或 MicroSD 卡向显示屏上的应用程序复制配方或从显示屏中向 USB 设备或 MicroSD 卡复制配方，也可编辑应用程序中的配方名称，或删除应用程序中的配方。用户如果要在应用程序的配方上执行复制或编辑操作，则该应用程序必须已卸载或未运行。

提示：用户不可在受密码保护的应用程序上执行操作。

用户可以按以下步骤复制配方：

① 转到如图 3-7 所示的 File Manager（文件管理器）画面；

② 选择想要复制配方的应用程序，然后按下 Recipe，出现如图 3-8 所示的画面；

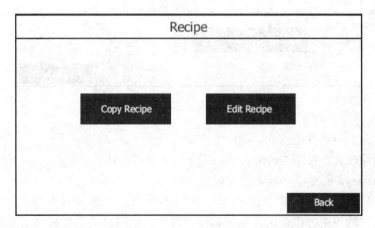

图 3-8　Recipe 操作界面

③ 按下 Copy Recipe，出现如图 3-9 所示的画面；

④ 选择想要从中复制配方；

⑤ 在配方列表中选择配方；

⑥ 按下 Copy（复制）。

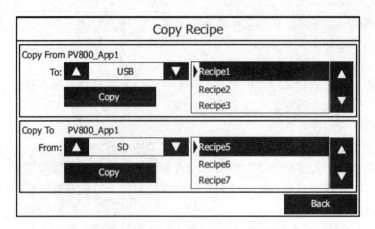

图 3-9　Copy Recipe 操作界面

用户编辑配方时，可以按以下步骤，重命名或删除配方：

① 转到如图 3-7 所示的 File Manager（文件管理器）画面；

② 选择想要编辑配方的应用程序，然后按下 Recipe，出现如图 3-8 所示的画面；

③ 在图 3-8 中按下 Edit Recipe，出现如图 3-10 所示的画面，画面中显示当前加载的应用程序的名称以及该应用程序的配方列表；

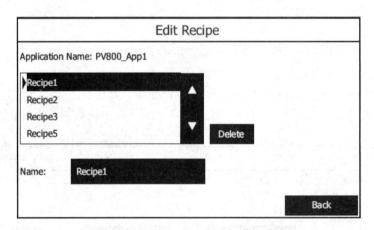

图 3-10　Edit Recipe 操作界面

④ 在配方列表中选择配方；

⑤ 若要删除配方，按下 Delete，然后按下 OK 进行确认；

⑥ 按下 Name 旁的蓝色区域，更改配方名称；

⑦ 使用屏显键盘输入所需的名称，然后按下回车键，如图 3-11 所示；

⑧ 配方名称随即更改，而配方列表将按字母数字顺序自动重新排序，如图 3-12 所示。

（5）更改应用程序的控制器设置

用户可以使用显示屏更改应用程序中的控制器网络地址或节点地址。如果要通过显示屏更改应用程序的控制器网络地址或节点地址，可以按以下步骤操作：

① 转到如图 3-7 所示的 File Manager（文件管理器）画面；

② 按下 Controller Settings 之后，出现如图 3-13 所示的画面；

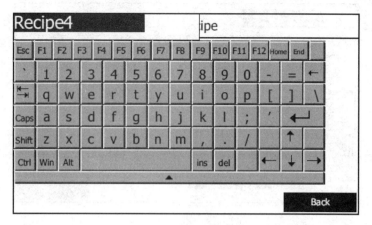

图 3-11　更改配方名称

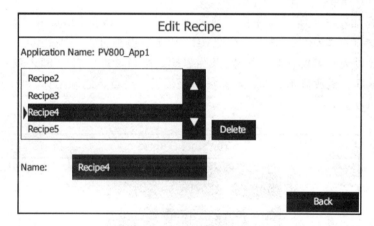

图 3-12　重新排序配方

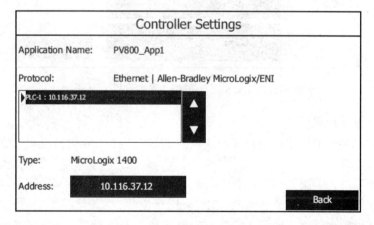

图 3-13　Controller Settings 设置界面

③ 按下图 3-13 中 Address 旁的蓝色区域，更改地址。用户在图 3-14 中，使用屏显键盘输入所需的 IP 地址，然后按下回车键；

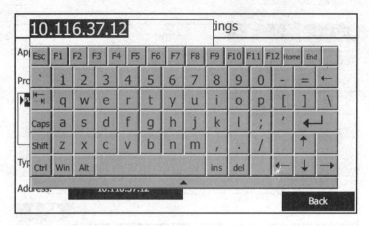

图 3-14　更改 IP 地址

3.2.2.4　显示屏设置

用户可以在如图 3-4 所示的主配置画面上，按下 Terminal Setting（终端设置）转到 Terminal Settings（终端设置）画面，如图 3-15 所示。用户可以在 Terminal Setting（终端设置）下执行更改以太网设置、配置 VNC 设置、更改端口设置、启用 FTP 服务器、调整显示亮度、校准触摸屏、更改显示方向、配置屏幕保护程序设置、删除字体、更改错误警告显示设置、配置打印设置等操作。

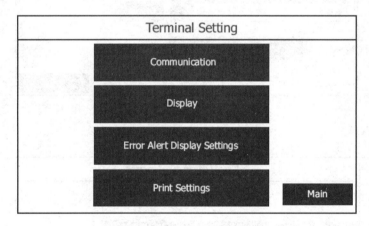

图 3-15　Terminal Setting（终端设置）画面

（1）更改以太网设置

用户可使用终端上的以太网端口在所连接的2711R-T7T工业触摸屏和工控机之间建立以太网连接。

对于以太网端口，如果启用了动态主机配置协议（DHCP），则可由网络动态设置 IP 地址。如果禁用了 DHCP，则必须手动输入 IP 地址。

用户如要从终端设置终端的以太网端口的静态 IP 地址，请按以下步骤操作：

① 转到如图 3-15 所示的 Terminal Setting（终端设置）画面；

② 在图 3-15 中，按下 Communication（通信），出现如图 3-16 所示的画面；

③ 在图 3-16 中，按下 Disable DHCP，IP Mode 现在将显示文本"STATIC"（静态）；

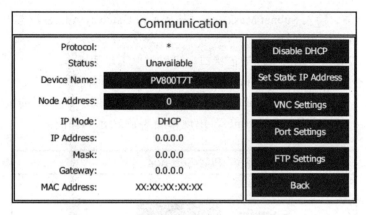

图 3-16　Communication 操作界面

④ 在图 3-16 中，按下 Set Static IP Address（设置静态 IP 地址），将显示 Static IP Address（静态 IP 地址）设置画面，如图 3-17 所示；

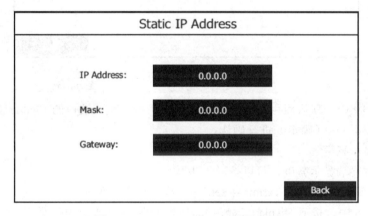

图 3-17　Static IP Address 设置界面

⑤ 在图 3-17 中，按下 IP Address（IP 地址）旁边的蓝色区域，在 Static IP address（静态 IP 地址）域中输入 IP 地址。用户在此时可以使用屏显键盘输入所需的 IP 地址，然后按下回车键，如图 3-18 所示；

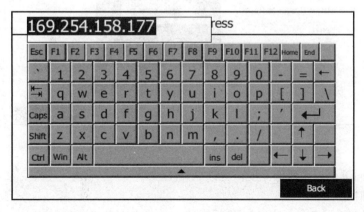

图 3-18　输入 Static IP address

⑥ 重复步骤⑤，输入 Subnet Mask（子网掩码）和 Gateway Address（默认网关）的地址。

（2）更改端口设置

用户要启用或禁用显示屏上的通信接口，可以按以下步骤操作：

① 转到如图 3-15 所示的 Terminal Setting（终端设置）画面；

② 在图 3-15 中，按下 Communication（通信），出现如图 3-16 所示的画面；

③ 在图 3-16 中，按下 Port Settings，出现如图 3-19 所示的画面；

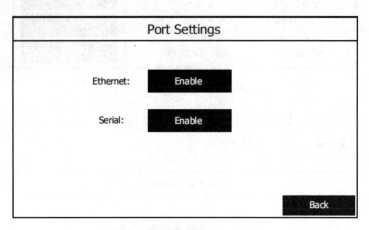

图 3-19　Port Settings 界面

④ 在图 3-19 中，默认启用以太网和串行端口。按下相应端口的 Enable（启用）来禁用该端口，然后按下 OK（确定）进行确认。

（3）调整显示亮度

用户要更改终端显示亮度，可以按以下步骤操作：

① 转到如图 3-15 所示的 Terminal Setting（终端设置）画面；

② 在图 3-15 中，按下 Display（显示），出现如图 3-20 所示的画面；

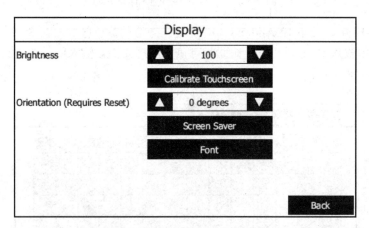

图 3-20　Display 操作界面

③ 使用方向键调高或调低亮度，更改立即生效。

（4）校准触摸屏

随着时间的推移，用户可能会注意到屏幕上的对象在触摸时没有响应，或者对象的激活点不正确。这对触摸屏而言是正常的，很容易修复。用户可以按以下步骤操作，对触摸屏进行校准：

① 转到如图 3-15 所示的 Terminal Setting（终端设置）画面；

② 在图 3-15 中，按下 Display（显示），出现如图 3-20 所示的画面；

③ 在图 3-20 中，按下 Calibrate Touchscreen（校准触摸屏），出现如图 3-21 所示的画面；

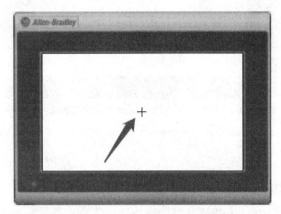

图 3-21　Calibrate Touchscreen（校准触摸屏）操作界面

④ 使用笔尖按下终端屏幕中心的"+"，当目标在屏幕上移动时，重复使用笔尖按下屏幕上不同位置的"+"，如图 3-22 所示；

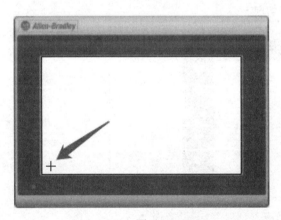 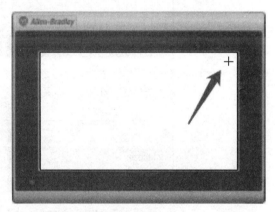

图 3-22　Calibrate Touchscreen（校准触摸屏）操作过程

⑤ 出现消息时，轻击 OK（确定）接受更改。如果在 30s 内没有轻击屏幕，则校准数据丢失，保持当前设置，如图 3-23 所示。

（5）更改显示方向

用户如果要更改终端显示方向，可以按以下步骤操作：

① 转到如图 3-15 所示的 Terminal Setting（终端设置）画面；

② 在图 3-15 中，按下 Display（显示），出现如图 3-20 所示的画面；

③ 在图 3-20 中，选择方向角度（0-横向、90-反转纵向或 270-纵向）；

④ 单击 Back 可返回主配置画面；

⑤ 单击 Reset Terminal（复位显示屏），然后单击 Yes（是）确认。

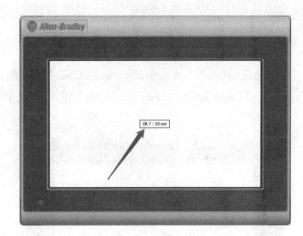

图 3-23 Calibrate Touchscreen（校准触摸屏）操作确认界面

（6）屏幕保护程序设置

用户如果要从终端配置屏幕保护程序，请按以下步骤操作：

① 转到如图 3-15 所示的 Terminal Setting（终端设置）画面；

② 在图 3-15 中，按下 Display（显示），出现如图 3-20 所示的画面；

③ 在图 3-20 中，按下 Screen Saver（屏幕保护程序），出现如图 3-24 所示的画面；

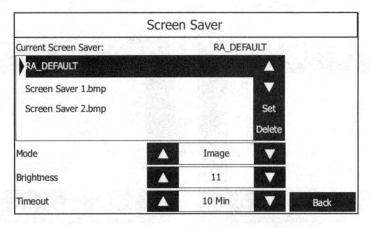

图 3-24 Screen Saver（屏幕保护程序）操作界面

④ 在图 3-24 中，使用上下箭头键选择屏幕保护程序，然后按下 Set（设置）使用该程序或按下 Delete（删除）从终端删除该程序；

⑤ 在图 3-24 中，选择一种模式：

模式=Disable（禁用）；

模式=Image（图像）；

模式=Dimmer（调光器）；

模式=Image and Dimmer（图像加调光器）；

⑥ 在图 3-24 中，选择亮度，亮度范围 0～100，增量单位为 1；

⑦ 在图 3-24 中，选择闲置超时，选项为 1、2、5、10、15、20、30 或 60 分钟。

（7）打印设置

用户可以选择打印当前画面或正在 2711R-T7T 工业触摸屏上运行的应用程序的报警历史。打印命令从终端通过以太网发送到打印服务器（例如：PC 机），或通过 USB 发送到一台连接到终端的打印机。用户可以按以下步骤操作配置打印设置：

① 转到如图 3-15 所示的 Terminal Settings（终端设置）画面；

② 在图 3-15 中，按下 Print Settings（打印设置），出现如图 3-25 所示的画面；

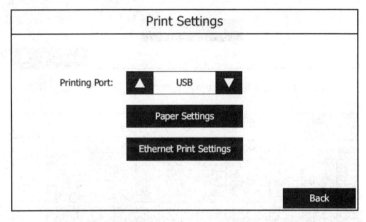

图 3-25　Print Settings（打印设置）操作界面

③ 在图 3-25 中，选择要使用的打印端口（USB 或以太网）；

④ 在图 3-25 中，按下 Paper Settings（纸张设置），出现如图 3-26 所示的画面，在图 3-26 中，完成配置以下设置：方向=纵向、横向；打印质量=标准（300dpi）、草稿（150dpi）；纸张尺寸=Legal、Letter、A4、B5；颜色输出=彩色、单色；拉伸=原始、拉伸到纸张大小；

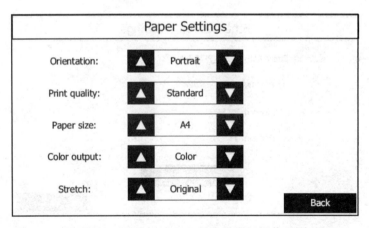

图 3-26　Paper Settings（纸张设置）操作界面

⑤ 按下 Back（返回）返回 Print Settings（打印设置）；

⑥ 在图 3-25 中，按下 Ethernet Print Settings（以太网打印设置），配置以太网打印设置，出现如图 3-27 所示的画面；

⑦ 在图 3-27 中，按下 Edit Credentials（输入凭证），出现如图 3-28 所示的画面，在图 3-28 中，完成相关项目的输入工作，按下回车键确认，出现如图 3-29 所示的画面；

图 3-27　Ethernet Print Settings（以太网打印设置）操作界面

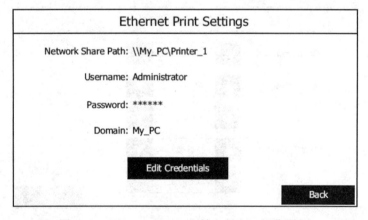

图 3-28　Edit Credentials（输入凭证）操作界面

Ethernet Print Settings

Network Share Path: \\My_PC\Printer_1

Username: Administrator

Password: ******

Domain: My_PC

Edit Credentials

Back

图 3-29　Edit Credentials（输入凭证）操作举例

⑧ 在终端上配置了打印设置后，必须向应用程序添加一个打印按钮，在 Connected Components Workbench 软件中，双击要在其中放置 Print（打印）按钮的应用程序画面；将 Print（打印）按钮从工具箱窗口拖放到应用程序画面上；右击 Print（打印）按钮，然后选择 Properties（属性）；在 Properties（属性）窗口中，配置 Print Type（打印类型）设置（打印类型=打印当前画面、打印报警历史）等。

3.3 2711R-T7T 工业触摸屏与工控机之间的通信

2711R-T7T 工业触摸屏（以下简称触摸屏）如果要实现与工控机之间的通信，必须设置它的 IP 地址，在 3.2.3 中已经介绍了如何通过触摸的方式在触摸屏上手动设置它的 IP 地址、子网掩码及默认网关地址的方法。

我们还可以通过另外一种途径来设置触摸屏的 IP 地址，即：通过工控机上的"BOOTP-DHCP Tool"软件来对它的 IP 地址进行设定，具体操作步骤为：

① 将工控机的 IP 地址设置为"自动获得 IP 地址"形式；

② 在触摸屏上，通过手动触摸的方式，将"IP Mode"修改为"DHCP"状态；

③ 记录下触摸屏上的 MAC ID 备用（本设备的 MAC ID 为 F4：54：33：4F：15：3E）；

④ 在工控机上启动"BOOTP-DHCP Tool"软件，启动完成之后，如图 3-30 所示；

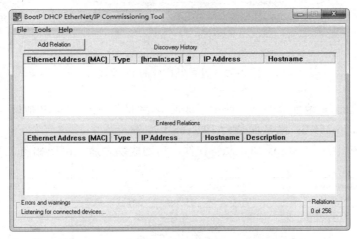

图 3-30 启动"BOOTP-DHCP Tool"软件界面

⑤ 此时，在图 3-30 的"Discovery History"窗口中，用户可以看到触摸屏上的 MAC ID 在滚动，如图 3-31 所示；

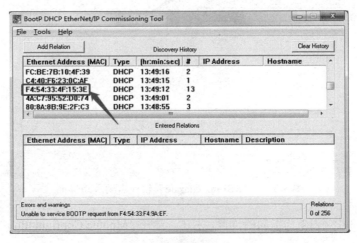

图 3-31 查看触摸屏的 MAC ID

⑥ 双击图 3-31 中触摸屏的 MAC ID，出现如图 3-32 所示的画面，在图 3-32 中，设置触摸屏的 IP 地址（192.168.1.171）；

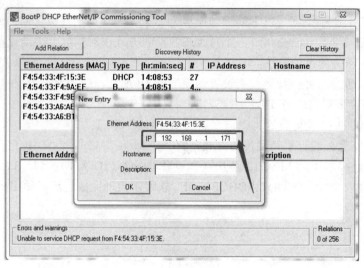

图 3-32　设置触摸屏的 IP 地址

⑦ 将工控机的 IP 地址修改为"使用下面的 IP 地址"形式，即 IP 地址为 192.168.1.201；子网掩码为 255.255.255.0；默认网关为 192.168.1.1；

⑧ 启动工控机的"RSLinx Classic"软件，启动成功之后，出现如图 3-33 所示的画面；

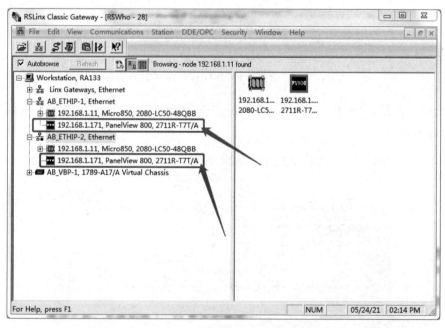

图 3-33　"RSLinx Classic"软件启动成功界面

⑨ 在图 3-33 中"箭头"指向的位置，右击，选择"Module Configuration"，出现如图 3-34 所示的画面；

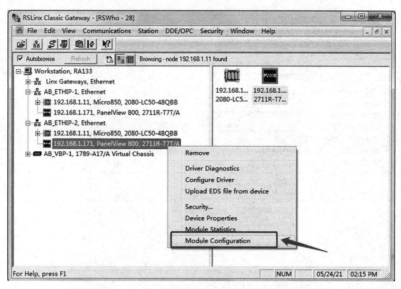

图 3-34　"Module Configuration"设置对话框

⑩ 在图 3-34 中,点击"Port Configuration"标签,出现如图 3-35 所示的对话框;

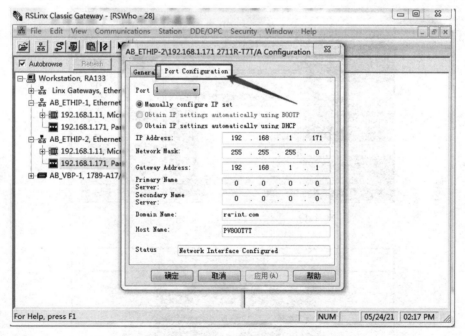

图 3-35　"Port Configuration"标签对话框

⑪ 在图 3-35 中,按照图 3-36 所示的方法进行相关设置,设置完成后按"确定"键确认;

⑫ 在触摸屏上进行后续的设置,在如图 3-37 所示的主界面点击"Terminal Setting"按钮;

⑬ 在图 3-38 中,点击"Communication"按钮;

⑭ 在图 3-39 中,点击"Disable DHCP"按钮,之后"Status"就显示为"Unavailable",全部修改完成之后,返回到主界面;

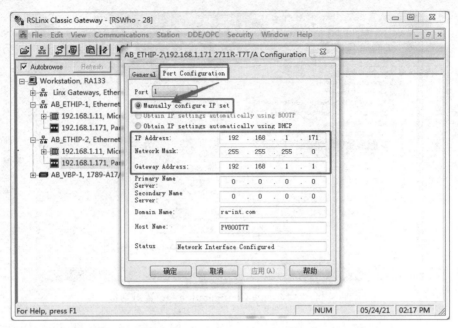

图 3-36　设置 IP 地址形式为"Manually configure IP set"

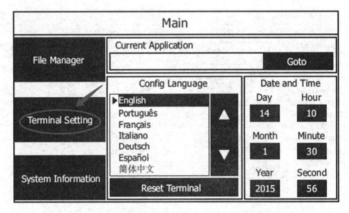

图 3-37　点击"Terminal Setting"按钮

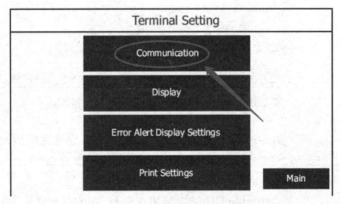

图 3-38　点击"Communication"按钮

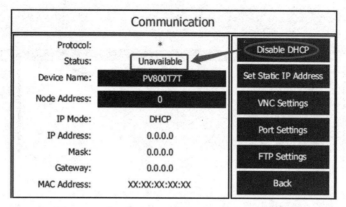

图 3-39 将 "Status" 修改为 "Unavailable"

⑮ 到目前为止，已经完成了触摸屏的 IP 地址设置工作，工控机上 "RSLinx Classic" 软件中如图 3-40 所示的状态表明：工控机已经实现了与 Micro850 控制器、变频器以及触摸屏之间的以太网通信，具备了进行综合项目实践的通信条件。

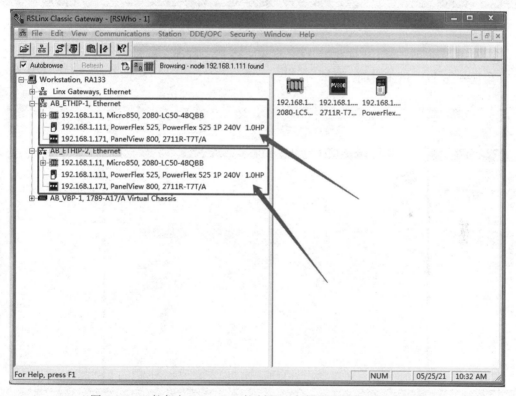

图 3-40 工控机与 Micro850 控制器、变频器及触摸屏组态成功

3.4 在 CCW 下配置触摸屏

① 启动工控机中的 "CCW" 软件，如图 3-41 所示；

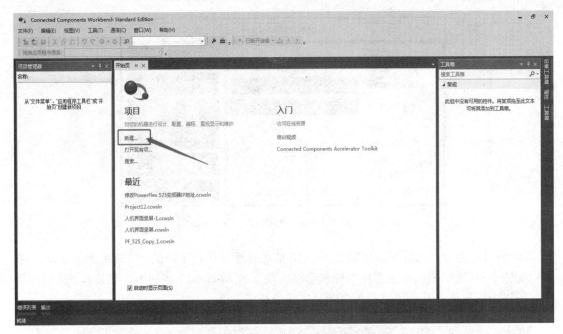

图 3-41　CCW 软件启动界面

② 在图 3-41 中，点击"新建"，出现如图 3-42 所示画面，输入文件名字之后，点击"创建"，出现如图 3-43 所示画面；

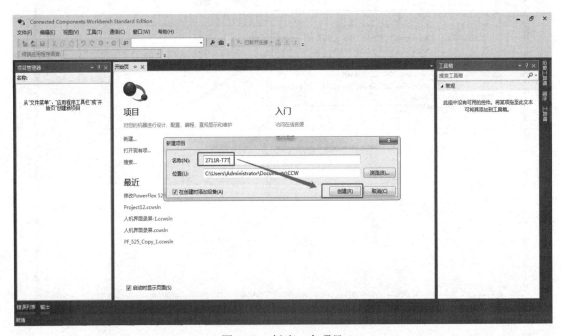

图 3-42　创建一个项目

③ 在图 3-43 中，添加"图形终端"→"2711R-T7T"，点击"选择"，之后出现如图 3-44 所示画面；

④ 在图 3-44 中，点击"添加到项目"，出现如图 3-45 所示画面；

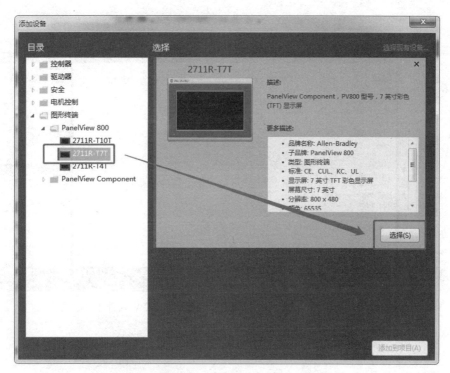

图 3-43　添加 2711R-T7T 工业触摸屏

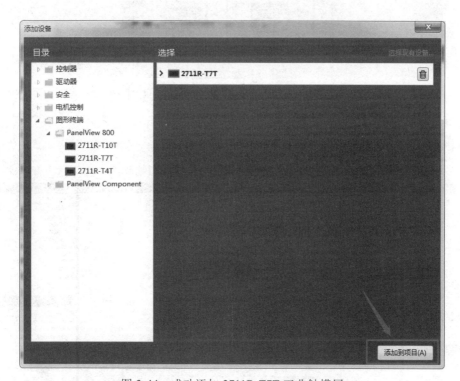

图 3-44　成功添加 2711R-T7T 工业触摸屏

⑤ 双击图 3-45 中的"PV800_App1",出现如图 3-46 所示画面,点击"横向"之后,点击"确定",出现如图 3-47 所示画面;

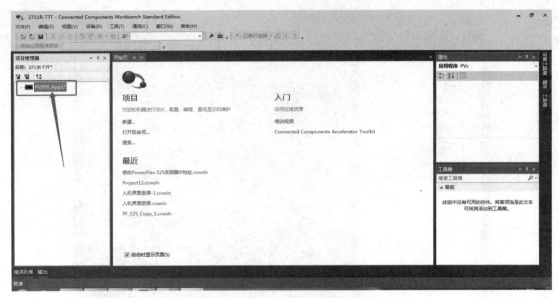

图 3-45 "PV800_App1*"已加入 CCW 软件

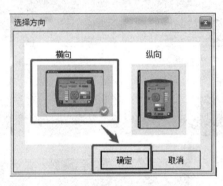

图 3-46 选择方向

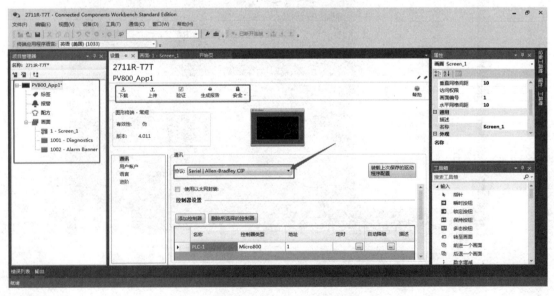

图 3-47 完成 2711R-T7T 项目建立工作

⑥ 在图3-47中，点击"协议"后的下拉菜单，选取"Ethernet"下的"Allen-Bradley CIP"协议，如图3-48所示；

注意： 此处一定不要选错了通信协议，如果选错会导致触摸屏程序无法通信到Micro850控制器，使触摸屏上总会显示出错信息。

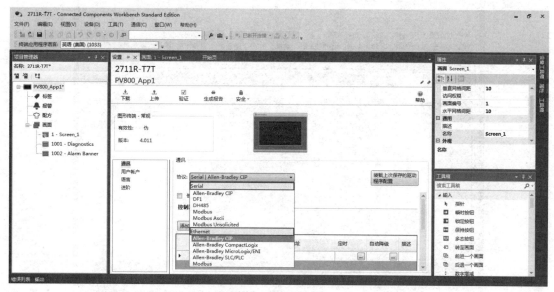

图3-48　选择通信协议

⑦ 按照图3-49的要求，在地址栏内填写IP地址192.168.1.11，这里的IP地址是Micro850控制器的地址，而不是触摸屏的IP地址；

注意： 当Micro850控制器的IP地址输入完成之后，一定要按下"回车键"，否则这个IP地址是无效的。

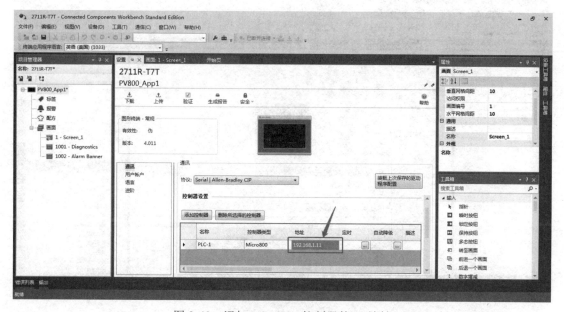

图3-49　添加Micro850控制器的IP地址

⑧ 按照如图 3-50 的要求，建立"button1""button2""button3"三个全局变量，变量的数据类型为"BOOL"型，点击"确定"按钮进行确认；

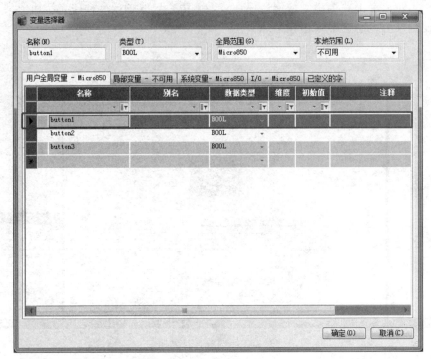

图 3-50 建立 3 个全局变量

⑨ 双击图 3-51 中的"标签"，开始进行 2711R-T7T 的"标签"设置，此时出现如图 3-52 所示画面；

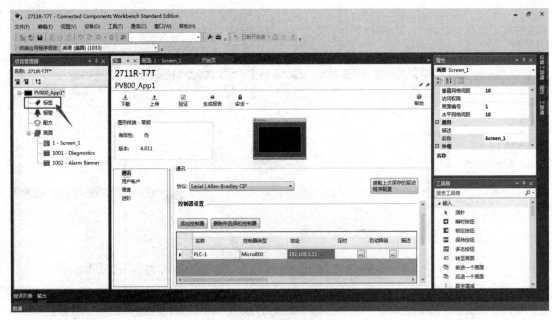

图 3-51 设置标签

⑩ 在图 3-52 中，点击"添加"，添加新的标签，如图 3-53 所示，其中"标签名称"和"数据类型"可更改，添加新的标签时，起始标签名称默认为"TAG0001"；

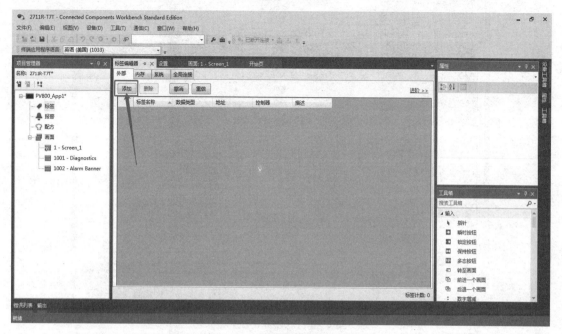

图 3-52　标签设置起始界面

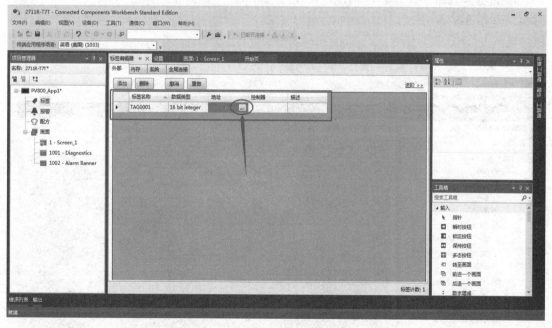

图 3-53　添加新标签操作界面

⑪ 在图 3-53 中，点击"地址"栏中的"[…]"图标，弹出"变量选择器"，如图 3-54 所示，选取想要关联的变量。图中"局部变量"不可用，只能选择"用户全局变量-Micro850"标签；

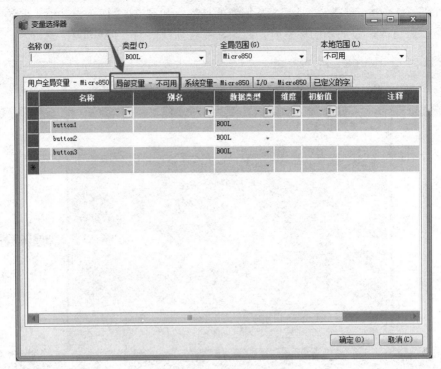

图 3-54　局部变量不可用

⑫ 将标签名称"TAG0001"的地址设置为"button1"，控制器选择为"PLC-1"，如图 3-55、图 3-56 和图 3-57 所示；

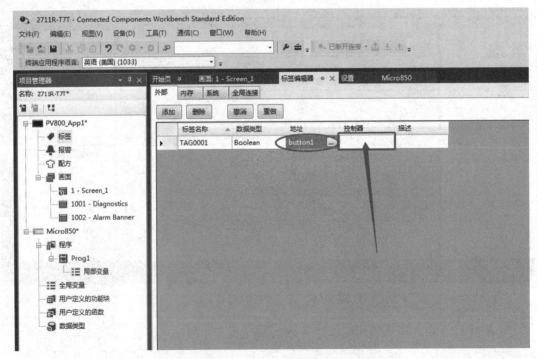

图 3-55　地址选择

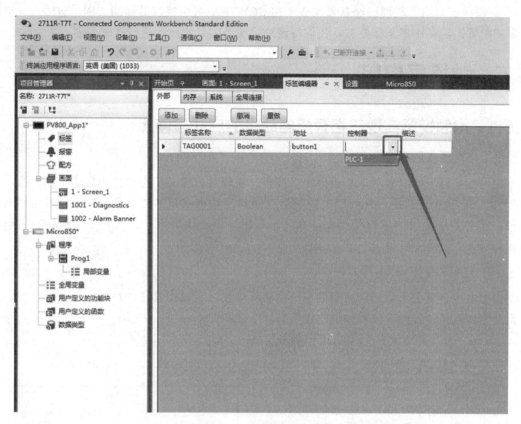

图 3-56　控制器选择

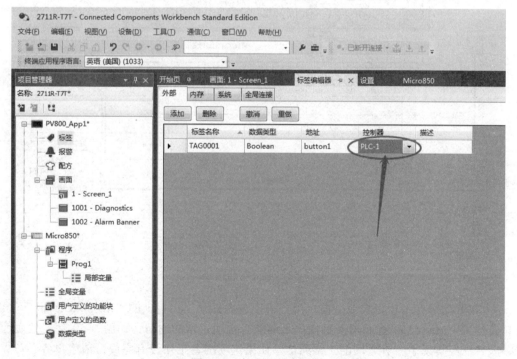

图 3-57　控制器选择完毕

⑬ 截止到目前，我们已经基本完成了在 CCW 下配置触摸屏的前期工作。当然，对于触摸屏的配置，还有许多工作要做，我们将通过后续的项目实践，进行详细的学习。

3.5　触摸屏应用

3.5.1　用触摸屏实现三相异步电动机的启动与停止

3.5.1.1　项目实践题目

通过触摸屏上的"启动"和"停止"按钮，实现对三相异步电动机的启动与停止控制。（说明：此项目用连接到 Micro850 控制器"O-11"输出端口的指示灯（HL1）的亮和灭来模拟三相异步电动机的运行与停止，亮——三相异步电动机运行；灭——三相异步电动机停止）。

3.5.1.2　具体操作步骤

由于本项目是关于触摸屏应用的第一个实践项目，所以编者在进行本项目设计过程中，做得非常细致，读者可以按照如下的步骤进行学习和训练。

① 按照如图 3-58 所示的要求进行线路安装；

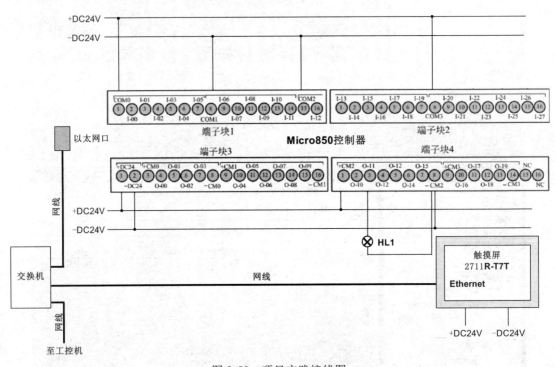

图 3-58　项目实践接线图

② 在开始进行本项目实践之前，用户需要首先打开工控机上的"RSlinx Classic"软件，确认工控机、Micro850 控制器及触摸屏之间能否实现正常的通信，如图 3-59 所示的画面表示，编者已经实现了三者之间的正常通信。如果这项准备工作没有完成，请用户务必首先完成此项工作，才能进行后续的操作；

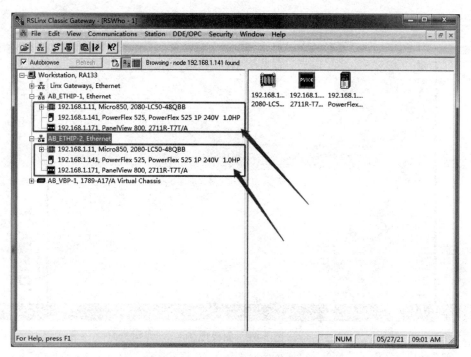

图 3-59　设备之间的通信状态

③ 在工控机上双击"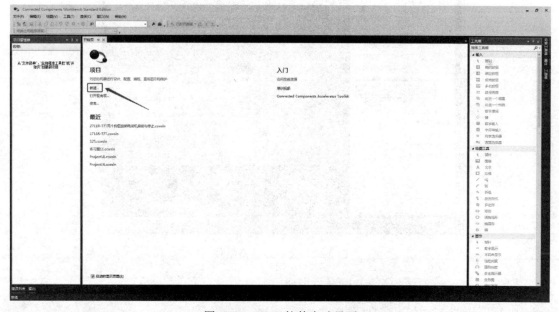"快捷方式，打开 CCW 软件，如图 3-60 所示，点击图中

的"新建"；

图 3-60　CCW 软件启动界面

④ 输入要创建的项目名称之后，点击"创建"，如图 3-61 所示；

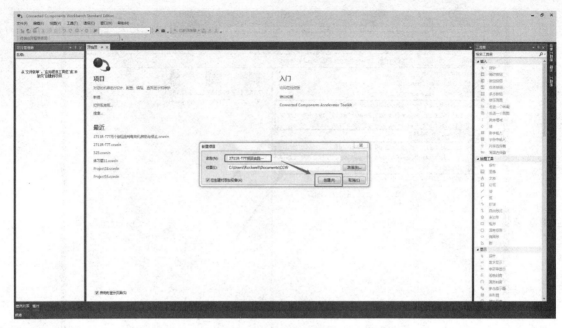

图 3-61　创建项目

⑤ 按图 3-62 所示的顺序，选择 Micro850 控制器的型号（2080-LC50-48QBB），之后点击"选择"按钮；

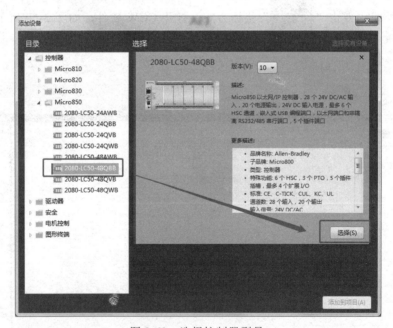

图 3-62　选择控制器型号

⑥ 在图 3-63 中，点击"添加到项目"按钮；

⑦ 在图 3-64 中，点击"程序"；

⑧ 在图 3-65 中，右击"程序"，依次选择"添加"→"新建 LD：梯形图"；

⑨ 在图 3-66 中，双击"Prog1"后，出现如图 3-67 所示的画面；

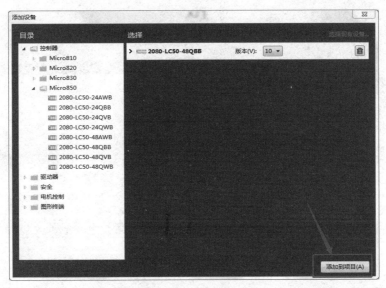

图 3-63　添加到项目

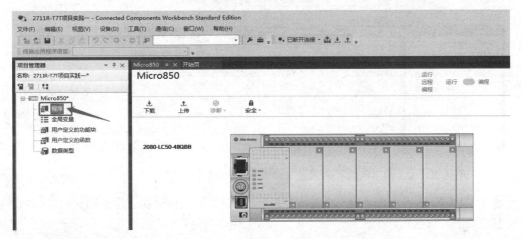

图 3-64　选择"程序"

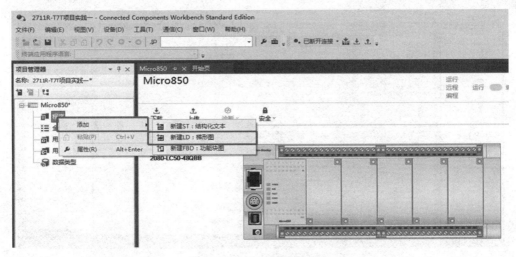

图 3-65　添加梯形图程序

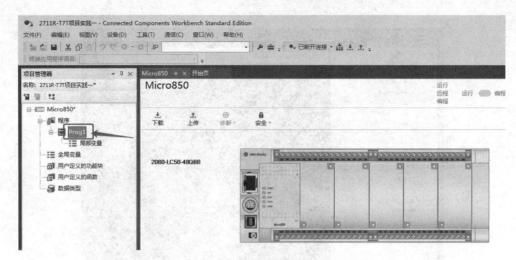

图 3-66　打开梯形图程序

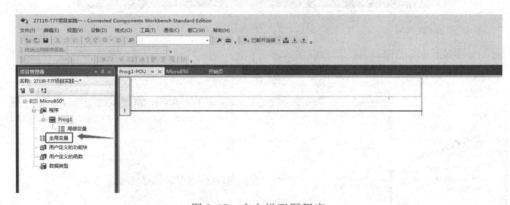

图 3-67　空白梯形图程序

⑩ 在图 3-67 中，双击"全局变量"，并通过拉动滑块，将全局变量滑动到最底部，并按照图中的做法，输入第一个全局变量"A"，如图 3-68 所示；

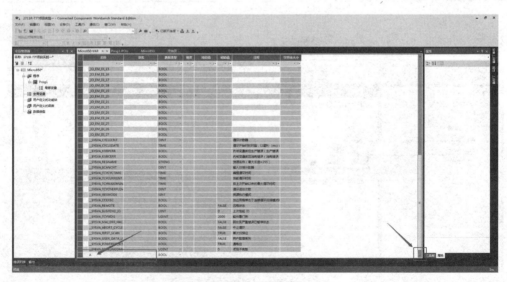

图 3-68　建立全局变量"A"

⑪ 建立全局变量"B",如图 3-69 所示;

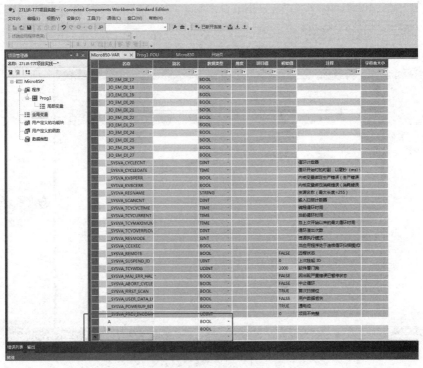

图 3-69 建立全局变量"B"

⑫ 在图 3-70 中,双击"Prog1",打开梯形图程序,准备编写梯形图程序;

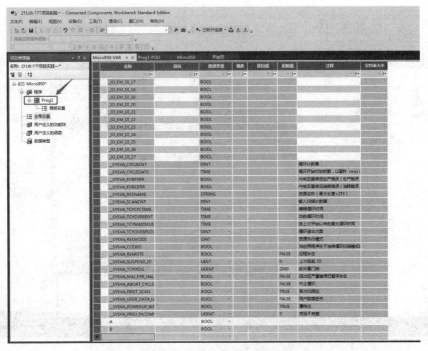

图 3-70 打开梯形图程序

⑬ 在如图 3-71 所示的"工具箱"中，选择"直接接触"，并把它拖曳到梯形图程序中第一个梯级的左侧位置；

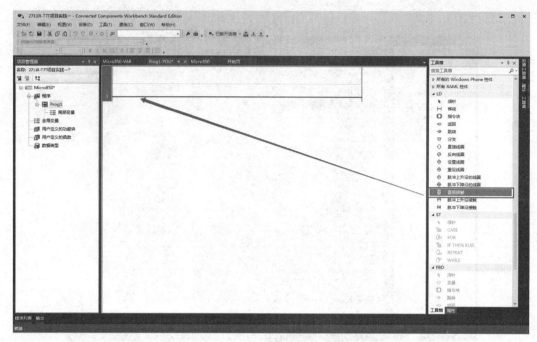

图 3-71　拖曳"直接接触"

⑭ 在变量选择器的"用户全局变量-Micro850"标签中，选择全局变量"A"后，按"确定"键确认，如图 3-72 所示；

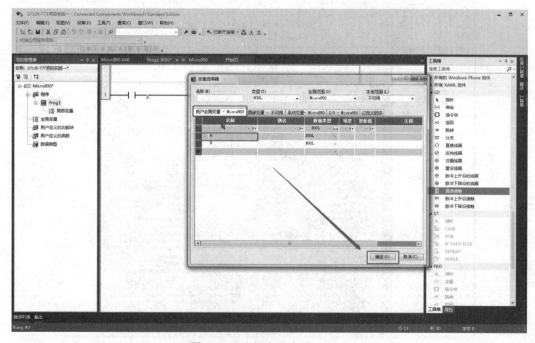

图 3-72　选择全局变量"A"

　控制系统应用——基于罗克韦尔 PLC、变频器及触摸屏

⑮ 重复步骤⑭，建立如图 3-73 所示的梯形图程序；

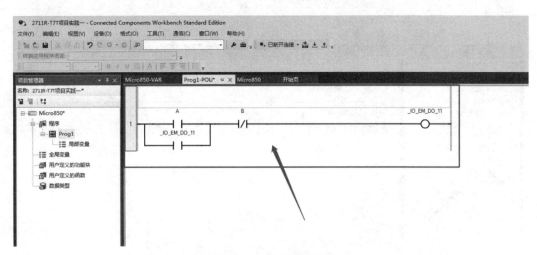

图 3-73　梯形图程序

⑯ 点击如图 3-74 所示的"设备工具箱"；

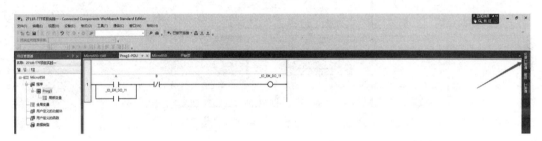

图 3-74　选择"设备工具箱"

⑰ 将图 3-75 中，"图形终端"→"PanelView800"→"2711R-T7T"拖曳到项目管理器位置；

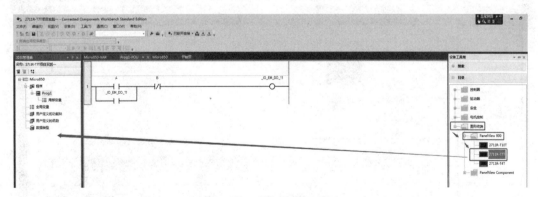

图 3-75　建立触摸屏项目

⑱ 双击如图 3-76 所示的项目管理器中的"PV800_App1"，出现如图 3-77 所示的屏幕方向选择画面；

⑲ 在图 3-77 中，选择"横向"之后点击"确定"；

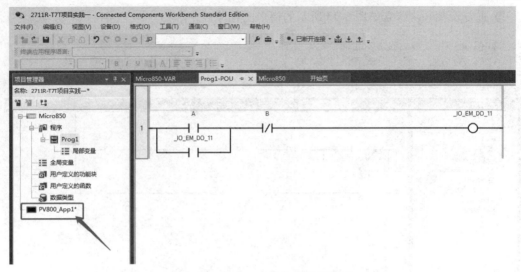

图 3-76　准备开始进行触摸屏设置

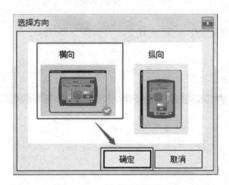

图 3-77　选择屏幕方向

⑳　点击如图 3-78 所示的下拉式箭头;

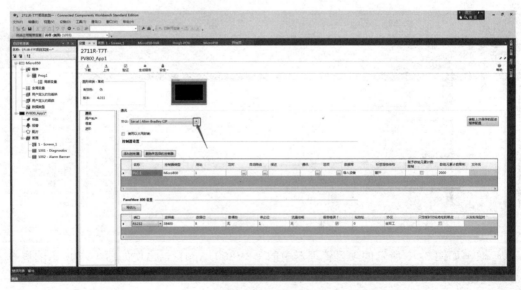

图 3-78　选择协议

㉑ 选择如图 3-79 所示的 "Ethernet" → "Allen-Bradley CIP" 协议；

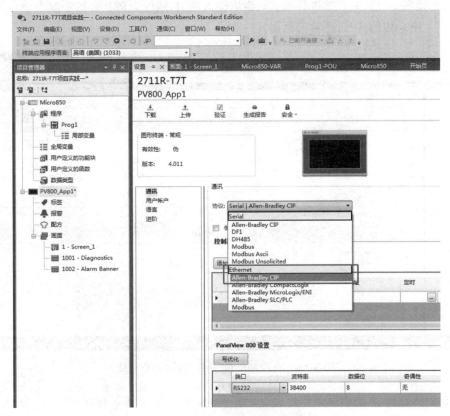

图 3-79　选择协议

㉒ 在如图 3-80 所示的界面中，在"名称"位置选择"PLC-1"，并且在"地址"栏内输入 Micro850 控制器的 IP 地址；

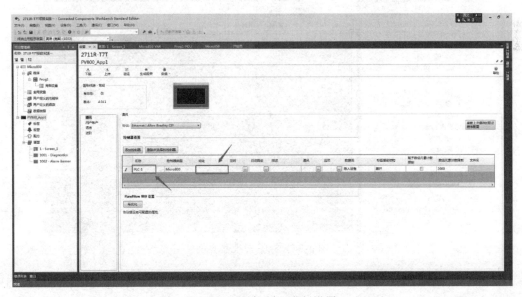

图 3-80　对控制器进行设置

㉓ 在如图 3-81 所示的"地址"栏内填写 Micro850 控制器的 IP 地址：192.168.1.11，输入完成后必须按下"回车"键进行确认，否则输入的 IP 地址无效。紧接着双击项目管理器中的"标签"，出现如图 3-82 所示的画面；

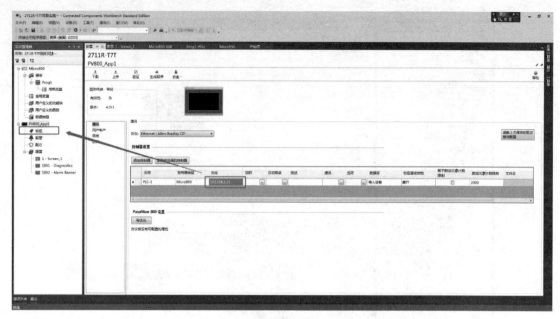

图 3-81　输入 Micro850 控制器的 IP 地址

㉔ 在如图 3-82 所示的标签管理器操作界面中，点击"添加"按钮；

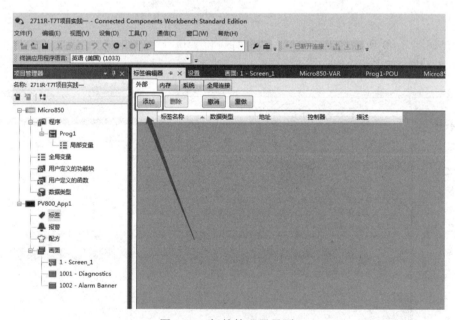

图 3-82　标签管理器界面

㉕ 添加的标签名称默认为"TAG0001"开头，为了方便记忆，用户可以根据需要，自行修改标签名称，如图 3-83 所示；

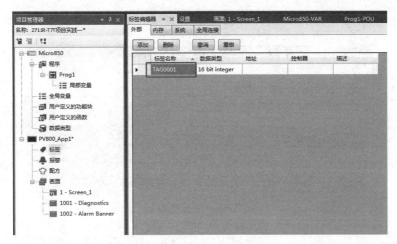

图 3-83　添加的第一个标签

㉖ 将一个标签名称修改为"START"后，点击"地址"栏中的"■"图标，可以修改第一个标签所对应的全局变量，如图 3-84 所示；

图 3-84　修改标签名称与变量

㉗ 将标签名称"START"与"用户全局变量-Micro850"中的"A"进行关联，如图 3-85 所示；

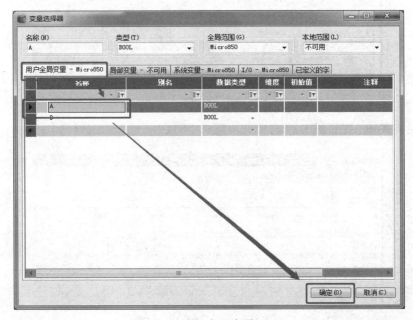

图 3-85　选择全局变量"A"

㉘ 按照如图 3-86 所示的操作方法来选择控制器；

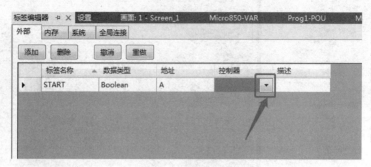

图 3-86 选择控制器

㉙ 在如图 3-87 所示的位置，选择控制器为"PLC-1"，控制器选择完成之后，如图 3-88 所示；

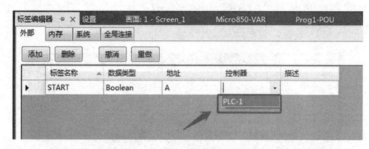

图 3-87 选择控制器为"PLC-1"

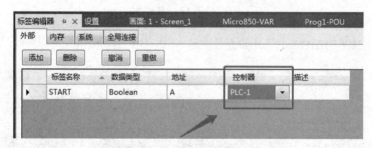

图 3-88 成功选择控制器

㉚ 重复步骤㉘，按照图 3-89 的要求，完成"STOP"标签的设置工作；

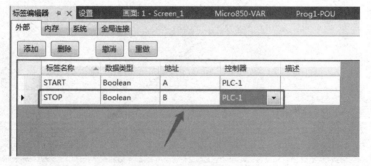

图 3-89 设置"STOP"标签

㉛ 双击如图 3-90 所示的项目管理器中的"1-Screen_1"，在管理器右侧出现的红色框，就是对"1-Screen_1"操作的有效区域，不可以在红色框外进行操作，否则这些操作将无法在触摸屏上进行显示；

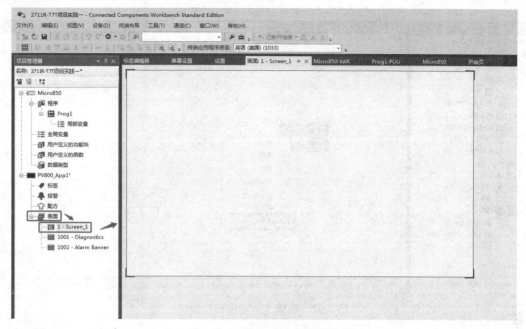

图 3-90　建立"1-Screen_1"操作界面

㉜ 按照图 3-91 的操作方法，将"工具箱"中的"瞬时按钮"，拖曳到"1-Screen_1"操作界面中的适当位置；

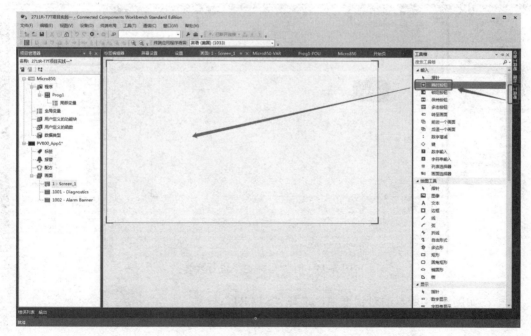

图 3-91　拖曳"瞬时按钮"

㉝ 在如图3-92所示的"瞬时按钮"上右击，选择"属性"；

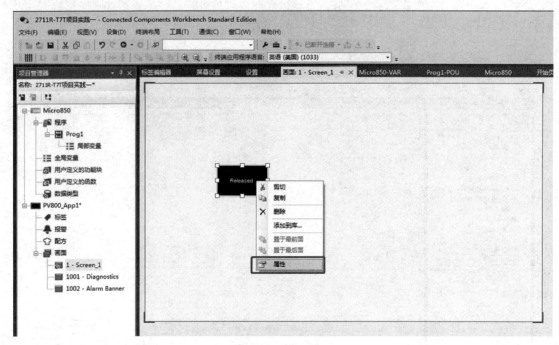

图3-92　编辑"瞬时按钮"属性

㉞ 在如图3-93所示的属性对话框中，点击"写标签"右侧的下拉式箭头"▾"；

图3-93　对"写标签"进行操作

㉟ 在如图3-94所示的对话框中，选择"START"；

㊱ 点击如图3-95所示对话框中"形状"右侧的下拉式箭头"▾"，修改"瞬时按钮"的形状；

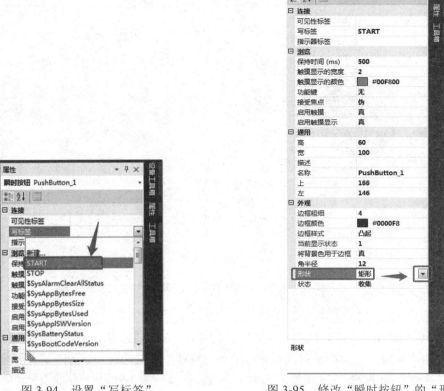

图 3-94 设置"写标签"

图 3-95 修改"瞬时按钮"的"形状"

㊲ 拖曳如图 3-96 所示的"瞬时按钮"周围的控制点,可以修改"1-Screen_1"操作界面中"瞬时按钮"的大小;

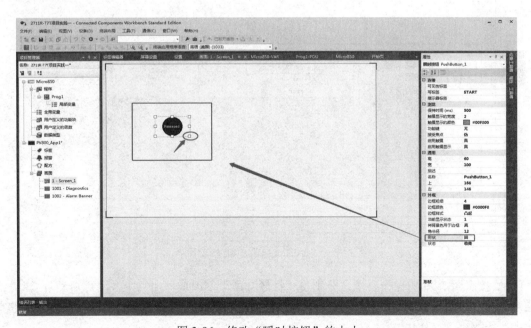

图 3-96 修改"瞬时按钮"的大小

㊳ 修改了大小之后的"瞬时按钮"如图 3-97 所示；

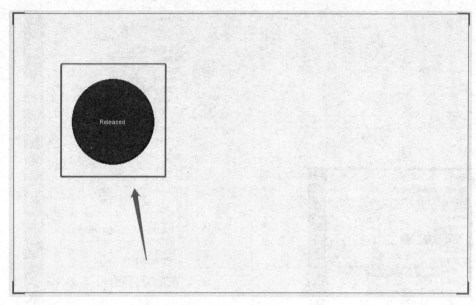

图 3-97　修改后的"瞬时按钮"

㊴ 双击图 3-97 中的"瞬时按钮"，出现如图 3-98 所示的操作界面，图中数值列中的"0"和"1"是用来表示触摸屏中的按钮没有被按下和已经被按下这两种状态；可以双击对应的标题文本，来修改"瞬时按钮"上要显示的文本内容；可以在图 3-98 中"背景色"的位置来修改对应的背景色；

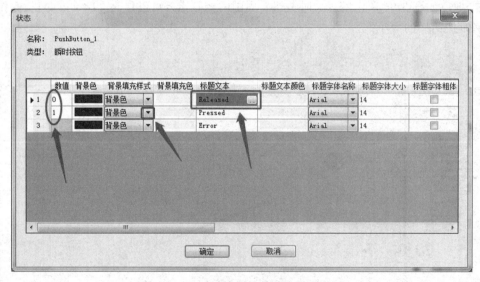

图 3-98　"瞬时按钮"的状态设置界面

㊵ 按照图 3-99 的操作要求，分别将"标题文本"修改成"启动"及"已启动"；将"已启动"的背景色修改成"绿色"。在这个操作界面中，用户还可以根据自己的需要修改标题字体的大小等多个操作；

说明：

数值为"0"所在的这一行数据的含义是：当触摸屏上的"瞬时按钮"没有被按下的时候，按钮上的文字显示为"启动"，按钮上的颜色显示为"蓝色"；

数值为"1"所在的这一行数据的含义是：当触摸屏上的按钮被按下的时候，按钮上的文字显示为"已启动"，同时，按钮的颜色切换成"绿色"。

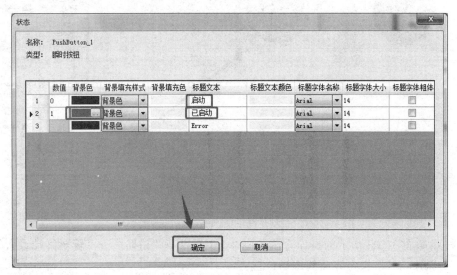

图 3-99　"瞬时按钮"的状态设置

㊶ 图 3-100 就是已经设置好的第一个"瞬时按钮"；

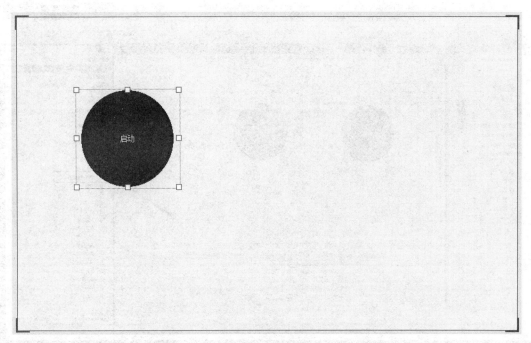

图 3-100　第一个"瞬时按钮"设置完毕

㊷ 重复步骤㉜～步骤㊶，完成第二个"瞬时按钮"的设置，如图 3-101 所示；

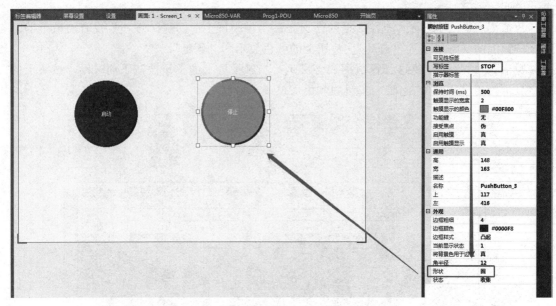

图 3-101　进行第二个"瞬时按钮"的设置

㊸ 按照如图 3-102 所示的操作方法，将"工具箱"→"进阶"→"转至终端设置"按钮，拖曳到"1-Screen_1"操作界面的适当位置；

说明：每个"1-Screen_1"操作界面都必须有一个"转至终端设置"按钮，否则，在下载的过程中，会出现"警告"的提示。

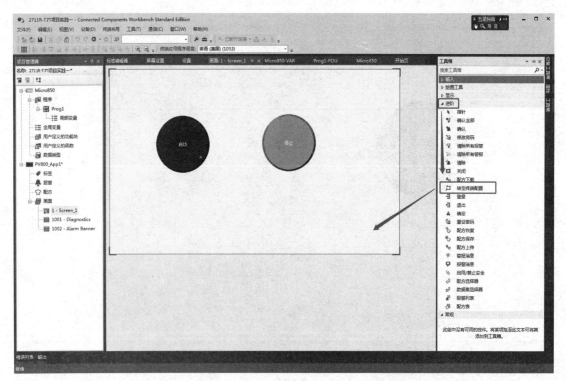

图 3-102　拖曳"转至终端设置"按钮

㊹ 双击图 3-103 中的"转至终端设置（Goto Config）"按钮，编辑该按钮的属性；

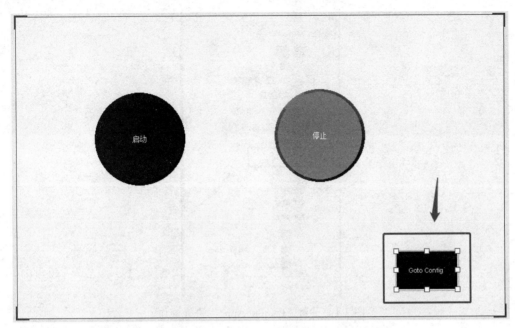

图 3-103　放置"转至终端设置"按钮后的界面

㊺ 将"转至终端设置"按钮的标题文本修改为"转到主菜单"，用户也可以根据自己的需要，修改按钮的颜色、文本字体的大小等状态，如图 3-104 所示；

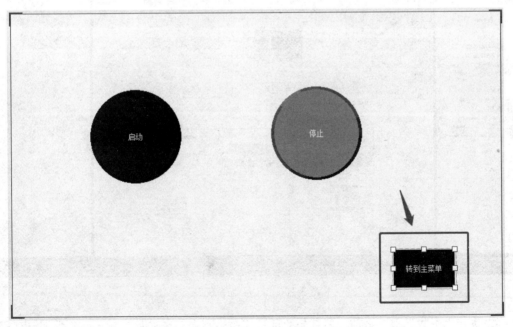

图 3-104　修改后的"转至终端设置"按钮

㊻ 双击如图 3-105 所示项目管理器中的"PV800_App1"，出现如图 3-106 所示的界面；

㊼ 在图 3-106 中，点击"下载"按钮；

图 3-105 对"PV800_App1"进行操作

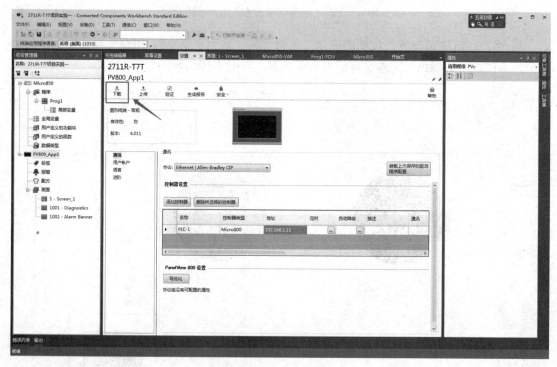

图 3-106 准备"下载"

㊽ 执行"下载"程序之前，要首先验证程序是否存在问题。如果图 3-107 所示的对话框中有"错误"或者"警告"等方面的提示，此时，用户需要终止程序"下载"操作，返回修改程序，直到图 3-107 所示的对话框中没有"错误"和"警告"方面的提示，才能进行程序的下载操作；

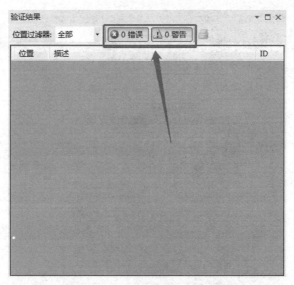

图 3-107　程序验证结果对话框

㊾ 在图 3-108 中，根据 IP 地址（192.168.1.171），选择即将要下载程序的触摸屏，然后点击"确定"；

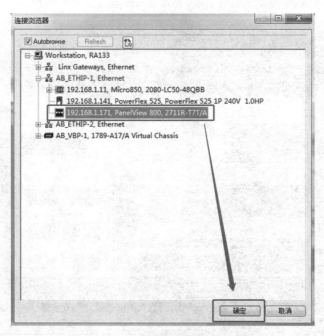

图 3-108　选择要下载程序的触摸屏

㊿ 在图 3-109 的左下角，可以查到程序的下载进度，直到出现"应用程序已成功下载"提示信息，表明程序已经完全下载到触摸屏中了；

51 将梯形图程序下载到 Micro850 控制器中，并让 Micro850 控制器执行梯形图程序；在如图 3-110 所示的触摸屏屏幕上，用手触摸"文件管理器"图标，出现如图 3-111 所示的操作画面；

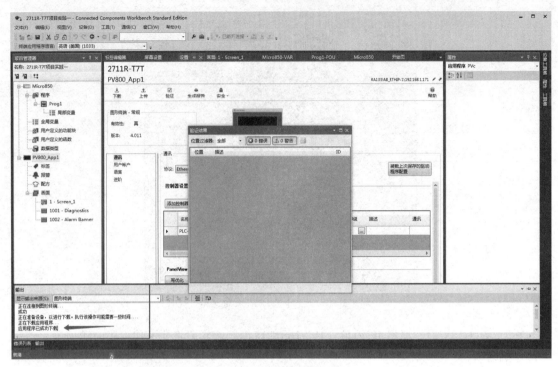

图 3-109　程序下载进度指示

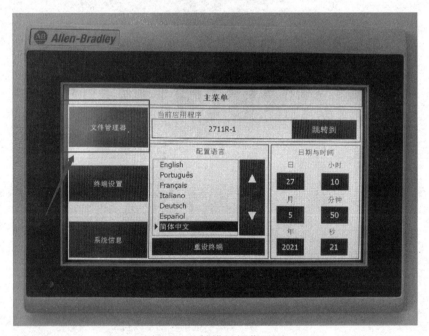

图 3-110　触摸屏操作界面

㉒ 在图 3-111 中，通过触摸屏幕上的""按钮，选择要被触摸屏执行的应用程序。选择好本项目的应用程序（2711R-1）后，触摸屏幕上的"运行"按钮，即可执行 2711R-1 这个应用程序；

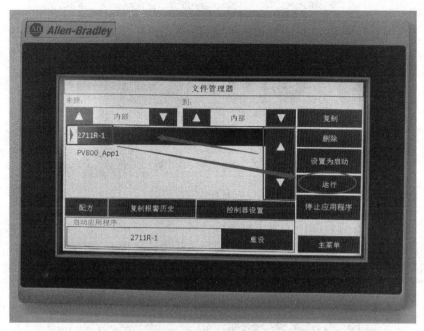

图 3-111　选择应用程序

㉝ 运行应用程序后，屏幕上出现如图 3-112 所示的画面；

图 3-112　执行应用程序后的画面

㉞ 触摸如图 3-113 所示画面中的"启动"按钮的同时，观察"O-11"指示灯的状态；

㉟ 当我们按触摸屏上的"启动"按钮之后，"O-11"指示灯亮，表明三相异步电动机已经开始运行，在"启动"按钮被按下的同时，该按钮的颜色由"蓝色"切换成"绿色"，按钮上的文本提示信息也由"启动"切换"已启动"，如图 3-114 所示；

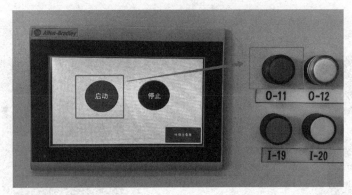

图 3-113　准备开始"启动"

说明：由于我们在进行触摸屏应用程序设计时，"启动"按钮选择的是"瞬时按钮"，所以"启动"按钮上的文字提示信息和颜色的切换只能保留很短的时间，时间到了之后又恢复成默认的设置。

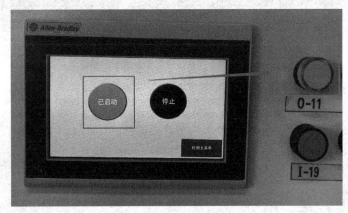

图 3-114　启动后，指示灯亮

㊃ 当我们按下触摸屏上的"停止"按钮之后，"O-11"指示灯熄灭，表明三相异步电动机停止运行。同时，停止按钮的文字提示信息由"停止"切换成"已停止"，按钮的颜色也切换成"红色"，如图 3-115 所示；

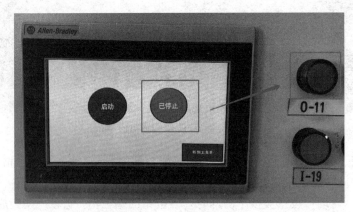

图 3-115　停止后，指示灯灭

说明：由于我们在进行触摸屏应用程序设计时，"停止"按钮选择的是"瞬时按钮"，所以"停止"按钮上的文字提示信息和颜色的切换只能保留很短的时间，时间到了之后又恢复成默认的设置。

㊗ 本项目实践至此结束。

3.5.2 用触摸屏实现交通信号灯系统的控制

3.5.2.1 项目实践题目

用触摸屏实现交通信号灯系统的控制。

3.5.2.2 控制要求

（1）程序设计要求

① 为了保证交通信号灯路口的通行安全，要求整个控制系统开始工作时，东、西、南、北四个方向的红灯均处于点亮状态，持续时间是 5s；

② 东、西方向的红灯点亮 20s。在这个 20s 时间段内，南、北方向的绿灯点亮，持续时间为 16s，当 16s 的定时时间到了之后，南、北方向绿灯闪烁 4 次，时间间隔是 500ms，紧接着这个绿灯熄灭。之后南、北方向的黄灯点亮，持续时间是 2s；

③ 切换到相反方向，四个方向的信号灯按照上述的要求循环工作。

（2）触摸屏设计要求

① 屏幕上设置一个启动按钮（圆形、绿色）和一个停止按钮（圆形、红色）；

② 屏幕上设置 4 个显示时间倒计时的窗口，分别用来显示东西方向红灯、东西方向绿灯、南北方向红灯和南北方向绿灯工作过程中的倒计时时间（单位：秒）；

③ 屏幕上设置一个"转到主菜单"按钮；

④ 设置一个标题"交通信号灯控制系统"；

⑤ 屏幕上的字体颜色、字号、粗体等可以根据用户的个人爱好，适当地进行一些个性化的设置。

（3）说明

① 如果工控柜上的指示灯资源有限，那么用户在编程时可以只需要考虑东方向的红灯、绿灯及黄灯，南方向的红灯、绿灯及黄灯。如果工控柜上的指示灯资源能够满足设计要求，只需要将另外方向的指示灯并联连接到指定位置即可；

② 为了保证梯形图中各个变量之间的逻辑关系清晰可见，编者建议用户在编程的过程中尽量使用"置位线圈"和"复位线圈"作为梯级的输出。

3.5.2.3 具体操作步骤

① 按照如图 3-116 所示的要求完成实践项目的线路安装；说明：图 3-116 中，HL1 对应东方向红灯，HL2 对应东方向黄灯，HL3 对应东方向绿灯，HL4 对应南方向红灯，HL5 对应南方向黄灯，HL6 对应南方向绿灯。

② 在 Micro850 控制器的编程过程中，设置如图 3-117 所示的局部变量；设置如图 3-118 所示的全局变量，并且按照图 3-118 所示的要求，进行变量的"数据类型"和"初始值"的设置；

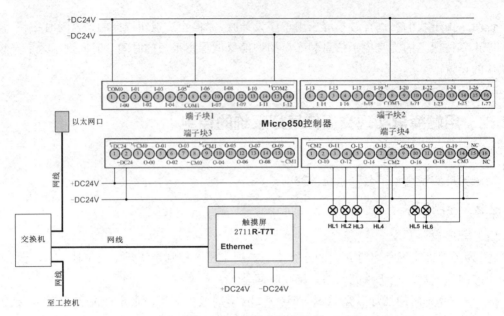

图 3-116　项目实践接线图

名称	别名	数据类型	维度	项目值	初始值	注释	字符串大小
NO1		BOOL					
NO2		BOOL					
NO3		BOOL					
NO4		BOOL					
NO5		BOOL					
NO6		BOOL					
NO7		BOOL					
NO8		BOOL					
NO9		BOOL					
NO10		BOOL					
NO11		BOOL					

图 3-117　局部变量

名称	别名	数据类型	维度	项目值	初始值	注释	字符串大小
EW_R4		DINT			20		
EW_R		DINT					
EW_G1		TIME					
EW_G2		DINT					
EW_G3		DINT					
EW_G4		DINT			16		
EW_G		DINT					
EW_R3		DINT					
NS_G3		DINT					
START		BOOL					
STOP		BOOL					
NS_R1		TIME					
NS_R2		DINT					
NS_R3		DINT					
NS_R4		DINT			20		
NS_R		DINT					
NS_G1		TIME					
NS_G2		DINT					
NS_G4		DINT			16		
NS_G		DINT					
EW_R1		TIME					
EW_R2		DINT					

图 3-118　全局变量

③ 编写 Micro850 控制器的梯形图程序，如图 3-119～图 3-122 所示，编者在进行梯形图设计时，为了方便读者理解，给每一个梯级的程序都进行了注释，请读者在阅读程序时仔细研究每一个梯级的注释；

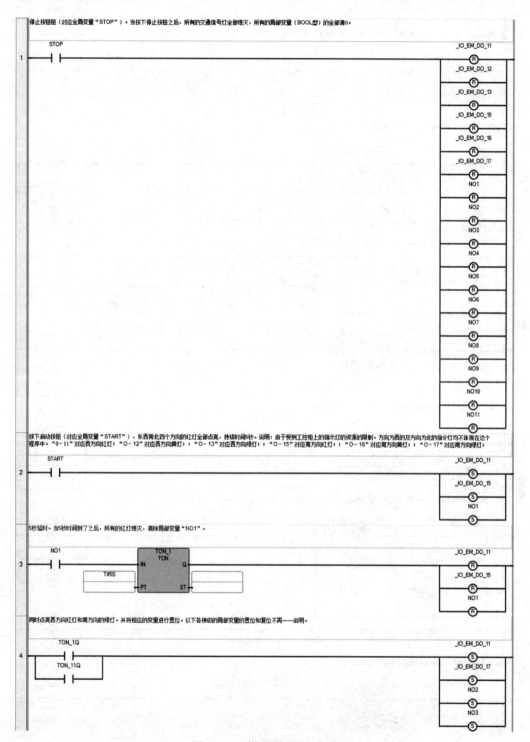

图 3-119　梯形图程序（1）

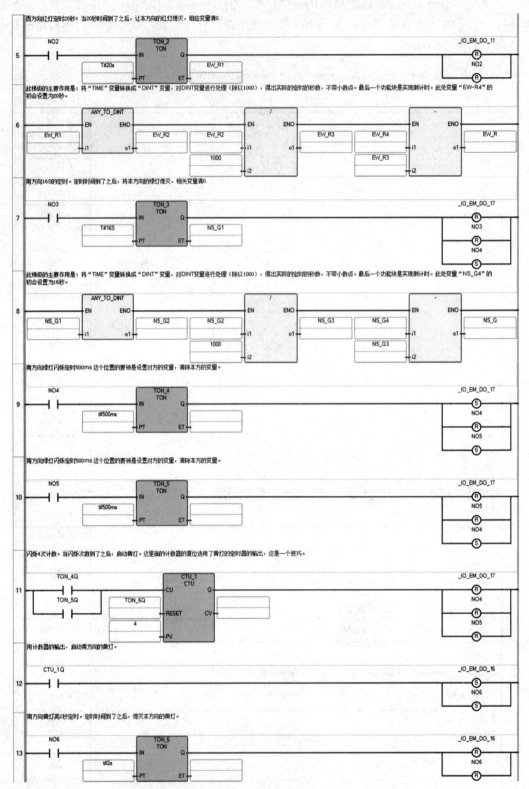

图 3-120　梯形图程序（2）

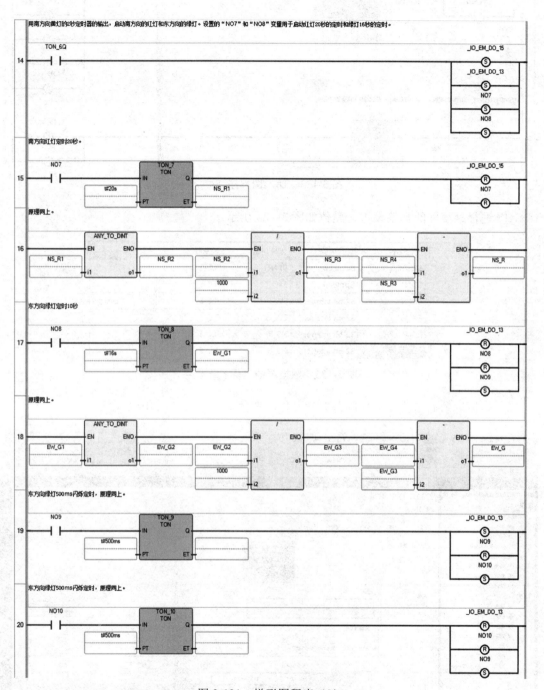

图 3-121　梯形图程序（3）

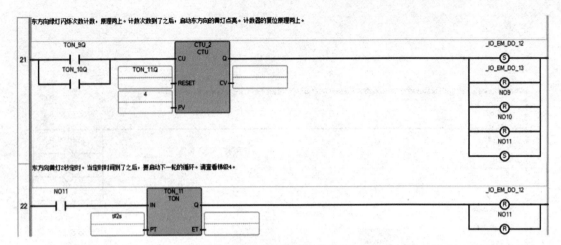

图 3-122　梯形图程序（4）

④ 进行触摸屏的标签设置，具体如图 3-123 所示；

标签名称	数据类型	地址	控制器	描述
START	Boolean	START	PLC-1	
STOP	Boolean	STOP	PLC-1	
EW_R	32 bit integer	EW_R	PLC-1	
EW_G	32 bit integer	EW_G	PLC-1	
NS_R	32 bit integer	NS_R	PLC-1	
NS_G	32 bit integer	NS_G	PLC-1	

图 3-123　触摸屏的"标签"设备

⑤ 触摸屏的通讯协议、控制器名称及控制器的 IP 地址设置如图 3-124 所示；

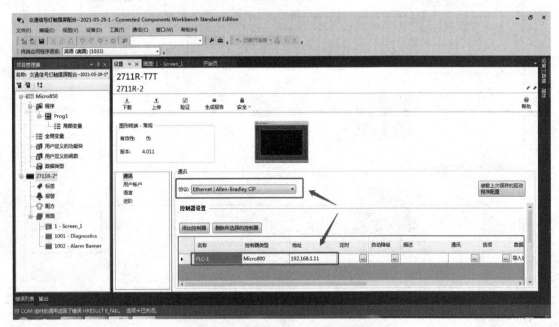

图 3-124　触摸屏的通讯协议及控制器设置

⑥ 触摸屏的画面设计建议，如图 3-125 所示。用户可以根据控制要求，在画面设计的过程中适当地加入一些个性化的元素。图 3-125 中，东西红灯倒计时、南北红灯倒计时、东西绿灯倒计时和南北绿灯倒计时的数字窗口，在进行画面设计的过程，使用"工具箱"→"显示"→"数字显示"进行设计，如图 3-126 所示；采用了"读标签"的设计方法，将这 4 个倒计时的数字窗口分别关联全局变量"EW_R""NS_R""EW_G"和"NS_G"，每个"数字显示"窗口的"属性"如图 3-127～图 3-130 所示；

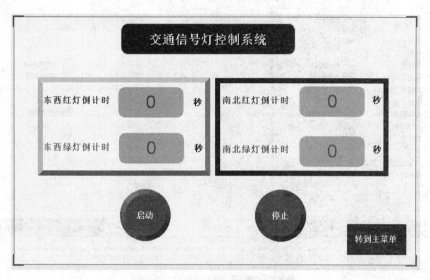

图 3-125　触摸屏画面设计

图 3-126　"数字显示"放置方法

图 3-127　东西红灯倒计时"数字显示"属性

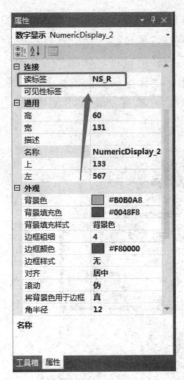

图 3-128　南北红灯倒计时"数字显示"属性

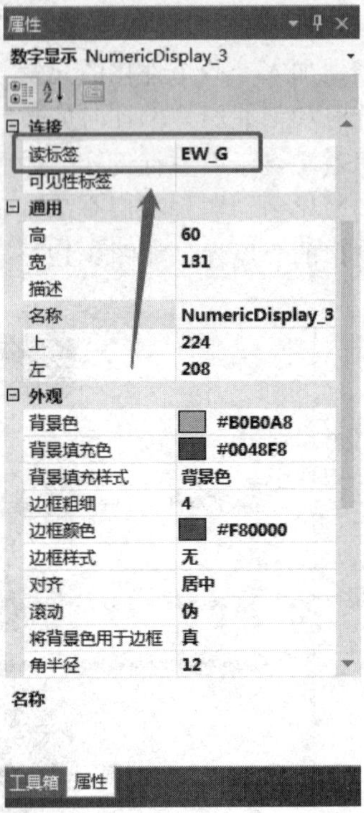

图 3-129　东西绿灯倒计时"数字显示"属性

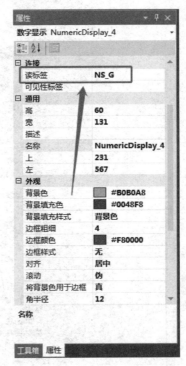

图 3-130　南北绿灯倒计时"数字显示"属性

⑦ 将梯形图程序下载到 Micro850 控制器中；

⑧ 将触摸屏应用程序下载的触摸屏中；

⑨ 执行 Micro850 控制器中的梯形图程序之后，在触摸屏上运行所接收到的程序（名字为 2711R-2），如图 3-131 所示，运行"2711R-2"程序后的画面如图 3-132 所示；

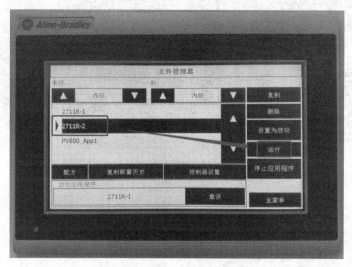

图 3-131　执行"2711R-2"

⑩ 在图 3-132 中，触摸"启动"按钮，交通信号灯控制系统开始工作，如图 3-133 所示；

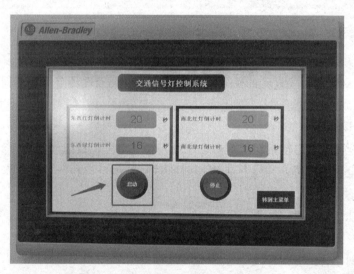

图 3-132　运行"2711R-2"后的画面

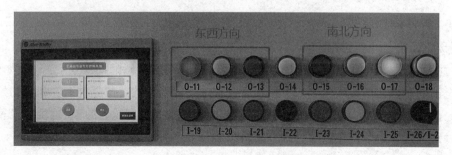

图 3-133　工作期间的交通信号灯控制系统

⑪ 按下触摸屏上的"停止"按钮，交通信号灯控制系统停止工作，如图 3-134 所示；

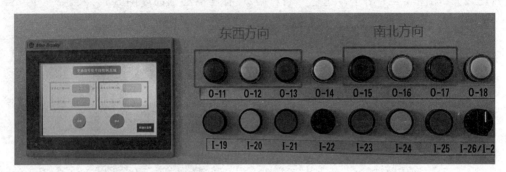

图 3-134 停止工作的交通信号灯控制系统

⑫ 至此，已经完成项目实践二的全部工作任务。

3.5.3 用触摸屏实现三相异步电动机多段速控制

3.5.3.1 项目实践题目

用触摸屏实现三相异步电动机多段速控制（见 1.6.2 项目实践），同时实现频率和时间的实时监测。

3.5.3.2 控制要求

（1）程序设计要求

在 1.6.2 项目实践程序设计的基础上增加频率和时间处理环节：频率保留到小数点后一位；时间保留 2 个整数位。

（2）触摸屏设计要求

① 屏幕上设置一个启动按钮（圆形、绿色）和一个停止按钮（圆形、红色）；

② 屏幕上设置三相异步电动机工作期间的时间显示窗口和一个监测变频器工作频率的显示窗口；

③ 屏幕上设置一个"转到主菜单"按钮；

④ 设置一个标题"三相异步电动机多段速控制实时监测系统"；

⑤ 屏幕上的字体颜色、字号、粗体等可以根据用户的个人爱好，适当地进行一些个性化的设置。

3.5.3.3 具体操作步骤

① 按照如图 3-135 所示的要求进行项目实践的线路安装；

② 在 Micro850 控制器的编程过程中，设置如图 3-136 所示的局部变量；设置如图 3-137 所示的全局变量，并且按照图 3-137 所示的要求，进行变量的"数据类型"和"初始值"的设置。局部变量表中，变量"IP"的初始值 192.168.1.141 是变频器的 IP 地址；设置全局变量时要特别注意每一个变量所对应的"数据类型"。

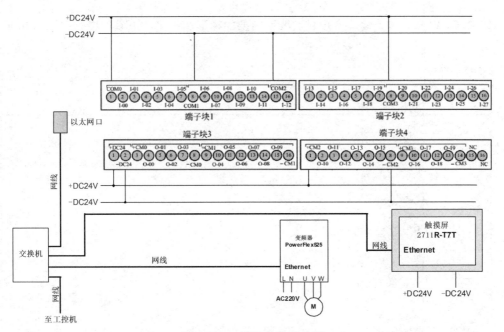

图 3-135　项目实践接线图

名称	别名	数据类型	维度	项目值	初始值	注释	字符串大小
IP		STRING ▾			'192.168.1.141'		80
start		BOOL ▾					
stop		BOOL ▾					
FWD		BOOL ▾					
speed		REAL ▾					
no1		BOOL ▾					
no2		BOOL ▾					
no3		BOOL ▾					
no4		BOOL ▾					
no5		BOOL ▾					
⊞ TON_1		TON ▾		...	...		
⊞ TON_2		TON ▾		...	...		
⊞ RA_PFx_ENET_STS_CMD		RA_PFx_ENET ▾		...	...		
REV		BOOL ▾					
⊞ TON_3		TON ▾		...	...		
⊞ TON_4		TON ▾		...	...		
⊞		▾					

图 3-136　局部变量

名称	别名	数据类型	维度	项目值	初始值	注释	字符串大小
_IO_EM_DI_26		BOOL ▾					
_IO_EM_DI_27		BOOL ▾					
START_1		BOOL ▾					
STOP_1		BOOL ▾					
PINLV		REAL ▾					
SHIJIAN		DINT ▾					
T1_1		TIME ▾					
T1_2		DINT ▾					
T2_1		TIME ▾					
T2_2		DINT ▾					
T3_1		TIME ▾					
T3_2		DINT ▾					
T4_1		TIME ▾					
T4_2		DINT ▾					

图 3-137　全局变量

③ 在 CCW 软件中，编写本项目实践所需要的梯形图程序，如图 3-138～图 3-140 所示；

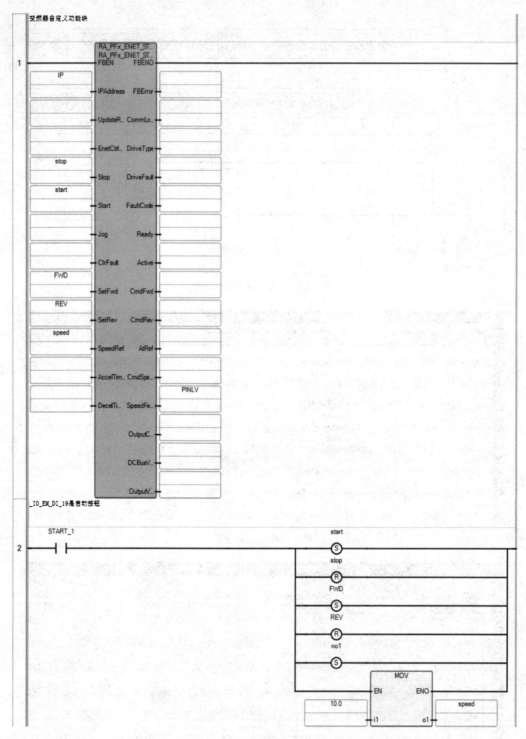

图 3-138 梯形图程序（1）

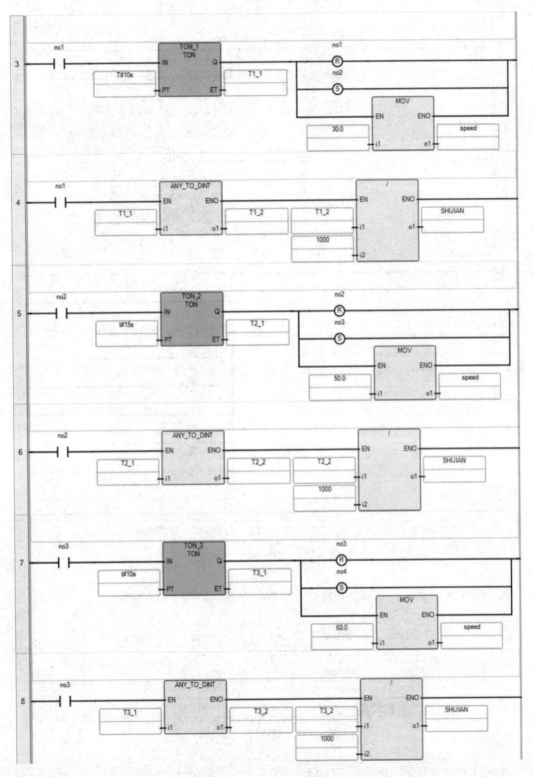

图 3-139 梯形图程序（2）

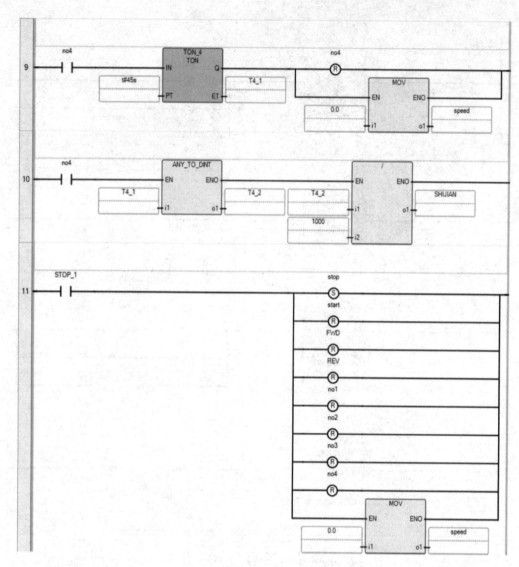

图 3-140   梯形图程序（3）

④ 在 CCW 软件中，完成触摸屏的"标签"设置，如图 3-141 所示；

标签名称 ▲	数据类型	地址	控制器	描述
START_1	Boolean	START_1	PLC-1	
STOP_1	Boolean	STOP_1	PLC-1	
PINLV	Real	PINLV	PLC-1	
SHIJIAN	32 bit integer	SHIJIAN	PLC-1	

图 3-141   触摸屏标签设置

⑤ 在 CCW 软件中，按照如图 3-142 所示的要求，完成触摸屏的通讯协议、Micro850 控制器的名称和 IP 地址设置工作；

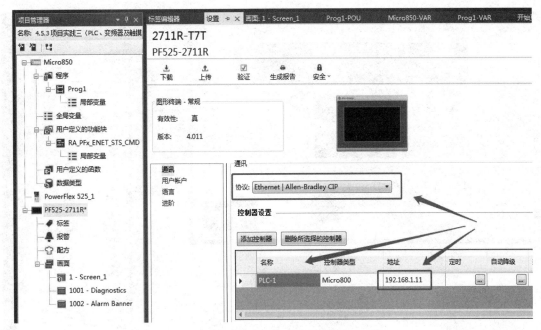

图 3-142　触摸屏相关设置

⑥ 在 CCW 软件中，按照如图 3-143 所示要求，制作触摸屏的操作界面。界面中的"启动"按钮关联全局变量"START_1"，"停止"按钮关联全局变量"STOP_1"；实时工作频率的"数字显示"窗口关联全局变量"PINLV"；实时工作时长的"数字显示"窗口关联全局变量"SHIJIAN"。实时工作频率的"数字显示"窗口的属性设置如图 3-144 所示，实时工作时长的"数字显示"窗口的属性设置如图 3-145 所示；

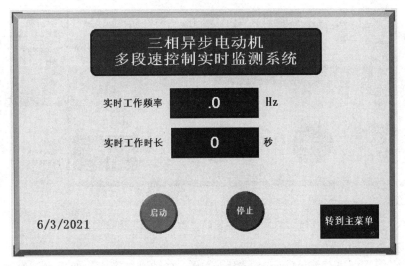

图 3-143　CCW 中触摸屏的操作界面

⑦ 确认工控机、Micro850 控制器、变频器以及触摸屏可以进行正常的以太网通信，如图 3-146 所示；

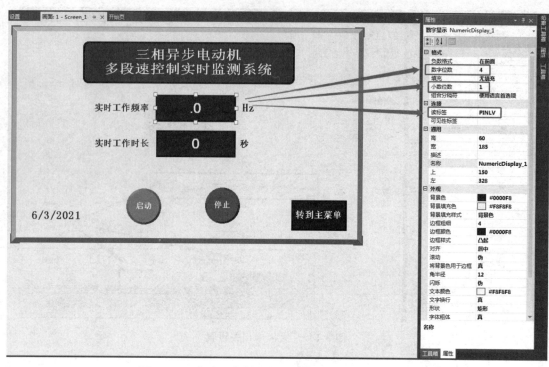

图 3-144　实时工作频率的"数字显示"窗口的属性

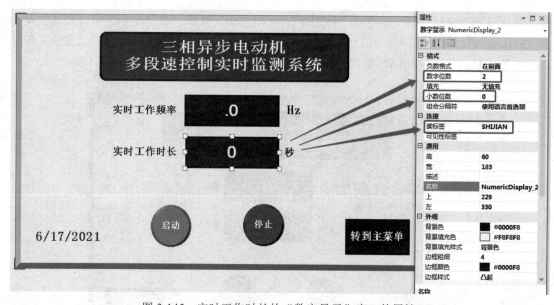

图 3-145　实时工作时长的"数字显示"窗口的属性

⑧ 将梯形图程序下载到 Micro850 控制器中；将触摸屏操作界面应用程序下载到触摸屏中，并分别执行这两个程序，触摸屏上的实际操作界面如图 3-147 所示。注意：在梯形图程序下载到 Micro850 控制器的过程中，必须将变频器上的错误提示信息清除；

⑨ 程序运行过程中的画面如图 3-148～图 3-151 所示；

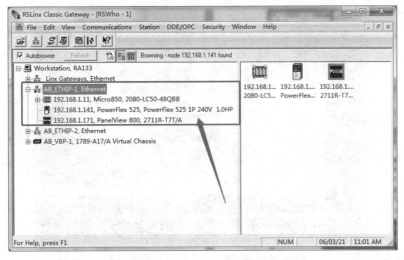

图 3-146　各设备之间的以太网通讯

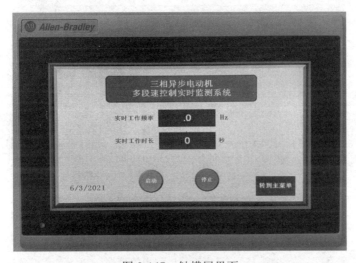

图 3-147　触摸屏界面

图 3-148　程序运行过程中的界面（1）

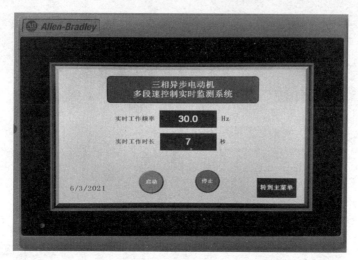

图 3-149　程序运行过程中的界面（2）

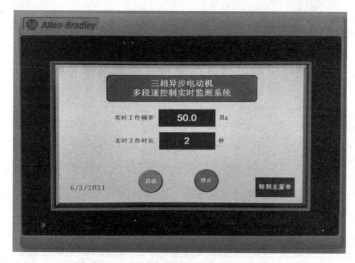

图 3-150　程序运行过程中的界面（3）

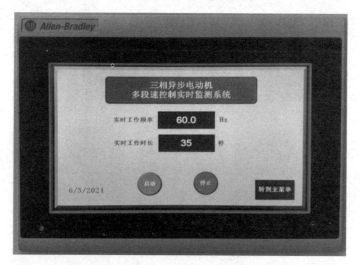

图 3-151　程序运行过程中的界面（4）

⑩ 三相异步电动机在 60Hz 的频率下转动 45s 之后自动停止。用户也可以在程序执行期间的任意时刻，按下触摸屏上的"停止"按钮，随时可以让三相异步电动机停止运行。本项目实践到此结束。

习题 3

1．触摸屏的 IP 地址设置有哪几种方法？

2．如何修改触摸屏的 IP 地址？

3．在 CCW 软件中进行触摸屏的"标签"设计时，应该注意哪些方面？

4．在 CCW 软件中进行触摸屏的"画面"设计时，"读标签"与"写标签"有什么区别？

5．请设计一个简单的用触摸屏读取计数器当前计数值的项目（以 CCW 文件的形式提交本题答案）。

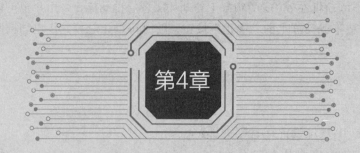

第4章

滚珠丝杠滑台被控对象的应用

4.1 滚珠丝杠滑台被控对象相关理论知识

4.1.1 滚珠丝杠简介

滚珠丝杠是工具机械和精密机械上最常使用的传动元件，如图 4-1 所示，其主要功能是将旋转运动转换成线性运动，或将扭矩转换成轴向反复作用力，同时兼具高精度、可逆性和高效率的特点。由于具有很小的摩擦阻力，滚珠丝杠被广泛应用于各种工业设备和精密仪器。

滚珠丝杠是将回转运动转化为直线运动，或将直线运动转化为回转运动的理想产品。利用变频器驱动三相异步电动机以不同的频率工作，带动滚珠丝杠转动，并通过旋转编码器的反馈来监测滚珠丝杠的转动情况。由 Micro850 控制器、变频器、旋转编码器、触摸屏、三相异步电动机及交换机所组成的闭环控制系统，可以实现对滚珠丝杠进行精准控制的目标。

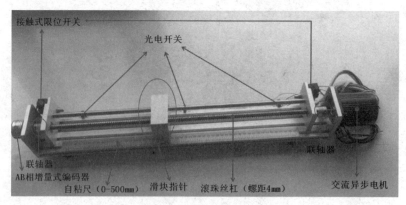

图 4-1 滚珠丝杠外观

4.1.2 滚珠丝杠滑台被控对象的组成

从图 4-1 中可以看出，滚珠丝杠被控对象是由设备本体及其检测与控制设备组成，包括滚珠丝杠的主体、用于驱动滚珠丝杠转动的三相异步电动机、用于检测滚珠丝杠上滑台位置和速度的光电传感器和用于采集滚珠丝杠转动圈数的旋转编码器、用于保护设备安全的限位开关（其本质是行程开关）等部件。

（1）主体

主体的底座及支撑部件是由工业级铝型材和航空级铝合金板材加工而成，其表面进行了电镀氧化处理；主体上配有滚珠丝杠及滑台，滚珠丝杠的型号是 1204（丝杠的直径是 12mm，丝杠的螺距是 4mm），滚珠丝杠上安装的滑台其有效行程为 510mm。

（2）三相异步电动机

三相异步电动机的型号是 Y70-15，其额定功率是 15W；额定频率是 50/60Hz；额定转速 1250/1550 转/分钟；额定电流 0.16A。三相异步电动机通过联轴器连接带动滚珠丝杠旋转。

（3）旋转编码器

旋转编码器的型号是 LPD3806-360BM-G5-24C（具体含义已在章节 2.4 中介绍过），它是增量式光电旋转编码器，其输出的 A 相和 B 相信号连接到 Micro850 控制器的 I-08 和 I-09 输入端子上（即连接到 Micro850 控制器的 HSC4 高速计数器）。

（4）限位开关

在设备两侧配有两个限位开关，它的型号是 LXW5-11M，这两个限位开关的常闭触点经过串联之后，接到了变频器的 1 号端子和 11 号端子之间，其主要作用是：当滑块运动碰到其中任意一个限位开关时，其常闭触点断开，导致变频器的 1 号端子和 11 号端子之间的连接断开，变频器断电并使三相异步电动机停止工作，进而使滚珠丝杠上的滑台停止左右移动，以免发生危险。

（5）光电传感器

光电传感器的型号是 EE-SX672P，它是 PNP 型输出。在设备侧面安装了三个 U 槽 T 型光电传感器，它的位置以可任意调整并进行固定。当滑台上的挡针运动至光电传感器 U 型槽中的时候，挡针遮挡住了光电传感器的光束，这时光电传感器会有信号输入到 Micro850 控制器中。这三个光电传感器的输出端分别接到 Micro850 控制器的 I-12、I-13 和 I-14 输入端子上。

（6）其他附件

在设备一侧的平台上安装有铝制格尺，其量程为 0～500mm，在滑台的中心位置的前面和后面分别装有指针和挡针。指针用于指示滑台的当前位置，挡针用于遮挡光电传感器的光束，以便产生检测信号。

4.2 滑台从任意位置回坐标原点控制

4.2.1 项目实践名称

滑台从任意位置回坐标原点控制。

4.2.2 控制要求

① 设置一个读取编码器当前值的按钮 SB1、一个启动按钮 SB2 和一个停止按钮 SB3，停止按钮可以让滑台在任意位置停止移动；

② 在 Micro850 控制器的梯形图程序运行期间，按下读取编码器按钮 SB1，读取旋转编码器当前的脉冲数。按下读取编码器时滑台的位置就是滑台的坐标原点；

③ 运行程序期间，通过手动旋转滚珠丝杠的方式，将滑台向左或者向右移动任意一段距离之后，按下启动按钮 SB2，三相异步电动机以 15Hz 的固定频率正转或者反转，驱动滚珠丝杠旋转，进而带动滑台可以从任意位置自动返回到坐标原点并停止移动。

4.2.3 项目实践步骤

① 按照如图 4-2 所示的要求进行线路安装；

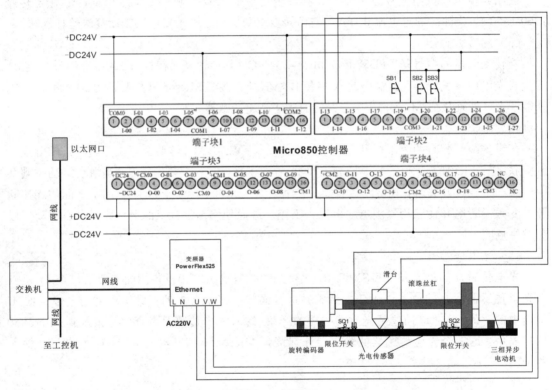

图 4-2　接线图

② 在 CCW 软件中编写梯形图程序，其局部变量的设置和赋值情况如图 4-3 所示，图 4-3 中"h_app"变量的具体赋值情况如图 4-4 所示；

③ 项目实践所需要的梯形图程序如图 4-5 和图 4-6 所示。

重要说明如下：

● 在程序运行期间，打开局部变量，我们可以看到当滚珠丝杠没有旋转的情况下，变量"h_app.Accumulator"的当前项目值是 0，在这种情况下，当用户通过手动的方式旋转滚珠丝杠，使滑台向左或者向右移动一段距离的时候，变量"h_app.Accumulator"的当前项目值可能是正数（滑台向右运动），也可能是负数（滑台向左运动）。在用户把"h_app.Accumulator"

名称	别名	数据类型	维度	项目值	初始值	注释	字符串大小
	▾ ⋮▼	▾ ⋮▼	▾	▾ ⋮▼	▾ ⋮▼	▾ ⋮▼	▾ ⋮▼	▾ ⋮▼
stop		BOOL	▾				
start		BOOL	▾				
FWD		BOOL	▾				
REV		BOOL	▾				
speed		REAL	▾				
A1		DINT	▾				
IP		STRING	▾		'192.168.1.111'		80
h_cmd		USINT	▾		1		
+ h_sts		HSCSTS	▾	...	...		
+ h_data		PLS	▾ [1..1]	...	...		
▶ + h_app		HSCAPP	▾	...	...		
+ HSC_1		HSC	▾				
+ RA_PFx_ENET_STS_CMD_1		RA_PFx_ENET	▾				
C1		BOOL	▾				
A2		DINT	▾				
SS		DINT	▾				
*			▾				

图 4-3 局部变量

名称	别名	数据类型	维度	项目值	初始值	注释	字符串大小
	▾ ⋮▼	▾ ⋮▼	▾	▾ ⋮▼	▾ ⋮▼	▾ ⋮▼	▾ ⋮▼	▾ ⋮▼
h_cmd		USINT	▾		1		
+ h_sts		HSCSTS	▾	...	...		
+ h_data		PLS	▾ [1..1]	...	...		
▶ - h_app		HSCAPP	▾	...	...		
h_app.PlsEnable		BOOL			FALSE		
h_app.HscID		UINT			4		
h_app.HscMode		UINT			6		
h_app.Accumulator		DINT					
h_app.HPSetting		DINT			999999		
h_app.LPSetting		DINT			-999999		
h_app.OFSetting		DINT			1000000		
h_app.UFSetting		DINT			-1000000		
h_app.OutputMask		UDINT					
h_app.HPOutput		UDINT					
h_app.LPOutput		UDINT					

图 4-4 局部变量 "h_app" 的具体赋值情况

项目值是 "0" 的位置当作坐标原点的情况下，如果当前的 "h_app.Accumulator" 项目值为负数，说明 Micro850 控制器程序正在执行的过程中，滑台已经通过手动旋转滚珠丝杠的方式被移动到坐标原点的左侧，三相异步电动机将通过反转的方式，带动滑台向右运动才可能回到坐标原点；相反，如果当前的 "h_app.Accumulator" 项目值为正数，说明 Micro850 控制器程序正在执行的过程中，滑台已经通过手动旋转滚珠丝杠的方式被移动到坐标原点的右侧，三相异步电动机将通过正转的方式，带动滑台向左运动才可能回到坐标原点。

● 当滑台从任意位置重新回到坐标原点的时候，旋转编码器的实时脉冲数总是变大或者变小。当旋转编码器的实时脉冲数小于等于（电动机正转，滑台向左移动）在坐标原点所读取脉冲数的时候，滑台就停止移动，此时滑台正好重新移回坐标原点位置。相反，当旋转编码器的实时脉冲数大于等于（电动机反转，滑台向右移动）在坐标原点所读取脉冲数的时候，滑台就停止移动，此时滑台正好重新移回坐标原点位置。当上述两个条件之一满足的时候（这种状态表明滑台已经从任意位置被自动移动了坐标原点），变频器停止工作，电动机停止转动，滚珠丝杠上的滑台停止移动（重新回到坐标原点）。

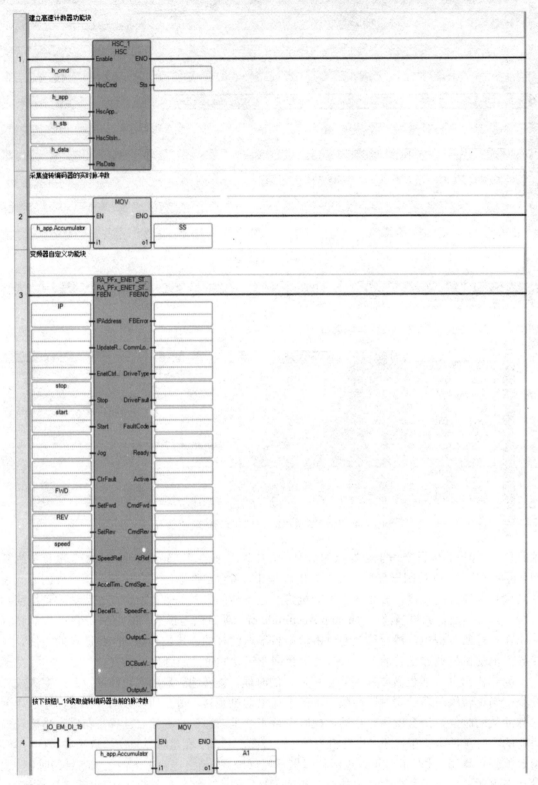

图 4-5 梯形图程序（1）

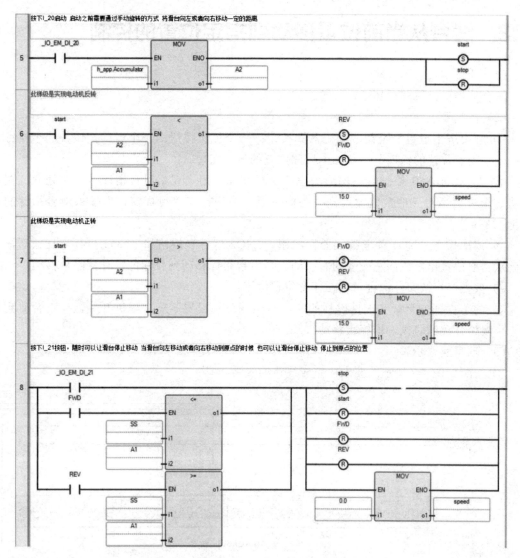

图 4-6　梯形图程序（2）

④ 将图 4-5 和图 4-6 所示的梯形图程序下载到 Micro850 控制器中并执行程序。注意在程序下载的过程中，清除变频器面板上的错误提示信息。

⑤ 按下读取编码器按钮 SB1（即_IO_EM_DI_19 输入端子），读取旋转编码器当前的脉冲数；

⑥ 通过手动旋转滚珠丝杠的方式，将滑台上的指针向左或者向右移动一定的距离；

⑦ 按下启动按钮 SB2（即_IO_EM_DI_20 输入端子），电动机开始正转或者反转，带动滑台以向左或者向右移动；

⑧ 当滑台指针重新移动到坐标原点位置的时候，就停止移动；

⑨ 滑台移动过程中，用户可以在任意位置按下停止按钮 SB3（即_IO_EM_DI_21 输入端子），使变频器及它驱动的三相异步电动机停止工作；

⑩ 本项目实践至此结束。

4.3 滑台从当前位置移动到指定位置的控制

（1）项目实践名称

滑台从当前位置移动到指定位置的控制。

（2）控制要求

① 触摸屏上设置一个读取编码器的按钮；一个停止按钮；一个运行按钮；一个执行按钮；一个当前位置的输入窗口和一个目标位置的输入窗口。

② 在 Micro850 控制器的梯形图程序执行期间，用户观察滑台指针当前所处的位置，并将这个位置所对应的数值输入到"当前位置"窗口；在"目标窗口"输入滑台指针的目的地；

③ 依次按下"NO1.读取编码器"按钮、"NO2.运行"按钮和"NO3.执行"按钮后，滑台就从当前位置出发，向左或者向右移动。当滑台指针移动到目标位置时就停止移动；

④ 按下停止按钮，滑台可以在任意位置停下；

⑤ 为了保证安全，在滚珠丝杠的左、右两端分别设置了一个限位开关，当滑台碰到任意一个限位开关的时候，均停止移动。

（3）项目实践步骤

① 按照如图 4-7 所示的要求，完成线路的安装；

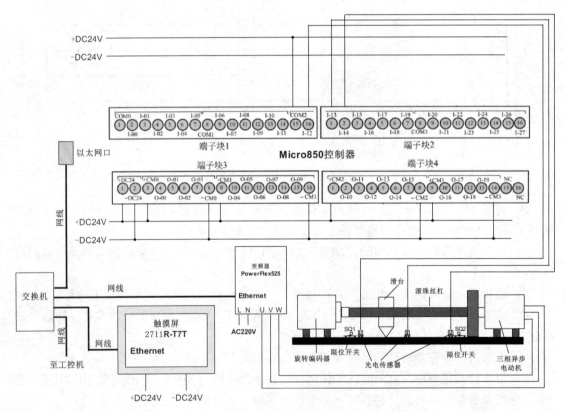

图 4-7　项目实践接线图

② 在 CCW 软件中，建立如图 4-8 和图 4-9 所示的局部变量，并按图示的要求对相关局部变量完成赋值和修改数据类型操作；

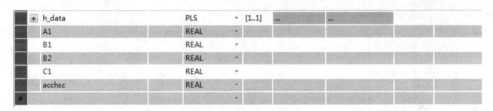

图 4-8　局部变量（1）

图 4-9　局部变量（2）

③ 建立如图 4-10 所示的全局变量并注意变量的数据类型；

名称	别名	数据类型	维度	项目值	初始值	注释	字符串大小
button_stop		BOOL					
button_start		BOOL					
button_FWD		BOOL					
button_REV		BOOL					
position1		REAL				起始位置	
position2		REAL				目标位置	
button1		BOOL					
button2		BOOL					
button3		BOOL					

图 4-10　全局变量

④ 编写如图 4-11 和图 4-12 所示的梯形图程序，说明：滚珠丝杠两端的限位开关，其本质是行程开关。在滚珠丝杠设备安装的时候，已经将这两个行程开关的常闭触点进行串联之后，连接到变频器的 1 号和 11 号端子中间。当滑台碰到任意一个行程开关之后，其常闭触点断开，导致变频器的 1 号和 11 号端子之间的连接断开，变频器立即停止工作。当然，我们

也可以采用软件的方式让变频器停止工作，即将这两个限位开关的常开触点并联到具有停止功能梯级的停止按钮上，也可以实现限位功能。

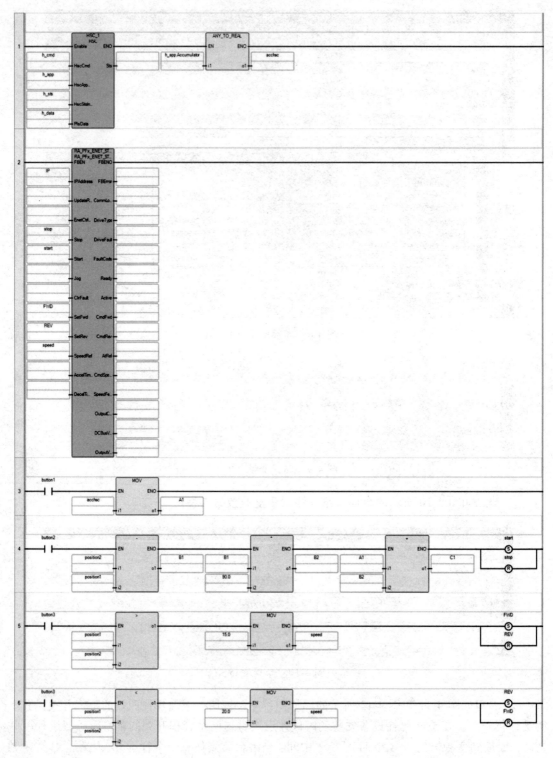

图 4-11　梯形图程序（1）

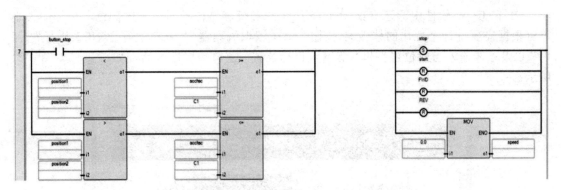

图 4-12　梯形图程序（2）

⑤ 在 CCW 软件中，对触摸屏操作界面开始设计之前，要建立如图 4-13 所示的标签；

标签名称	数据类型	地址	控制器	描述
button1	Boolean	button1	PLC-1	
button2	Boolean	button2	PLC-1	
button3	Boolean	button3	PLC-1	
stop	Boolean	button_stop	PLC-1	
p1	Real	position1	PLC-1	
p2	Real	position2	PLC-1	

图 4-13　触摸屏标签设置

⑥ 继续完成触摸屏的其他设置，如图 4-14 所示；

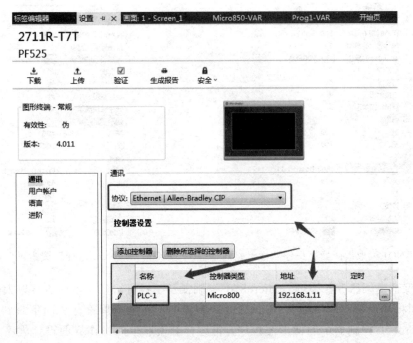

图 4-14　触摸屏其他设置

⑦ 在 CCW 软件中，建立如图 4-15 所示的触摸屏操作界面（字体颜色、字号的大小等可根据需要进行个性化的修改）。按钮"NO1.读取编码器""NO2.运行""NO3.执行""停止"以及"请输入当前位置"和"请输入目标位置"窗口的属性对话框如图 4-16～图 4-21所示；

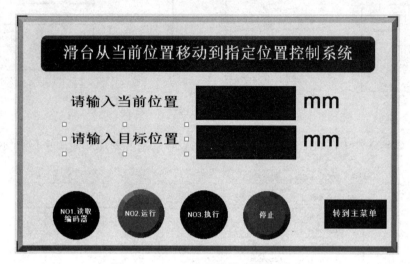

图 4-15　CCW 中的触摸屏操作界面

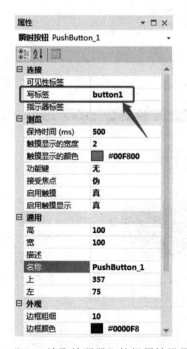

图 4-16　"NO1.读取编码器"按钮属性设置对话框

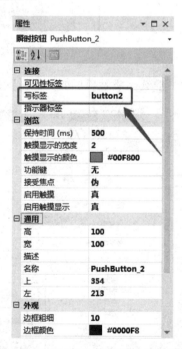

图 4-17　"NO2.运行"按钮属性设置对话框

⑧ 在保证变频器、触摸屏、Micro850 控制器及工控机可以正常地进行以太网通讯的情况下，分别将梯形图程序下载到 Micro850 控制器中；将触摸屏设计界面下载到触摸屏中。先运行 Micro850 控制器中的梯形图程序，再运行触摸屏中的操作界面设计程序，如图 4-22所示；

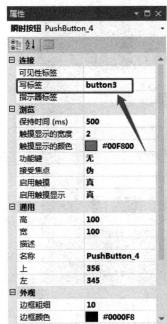

图 4-18 "NO3.执行"按钮属性设置对话框

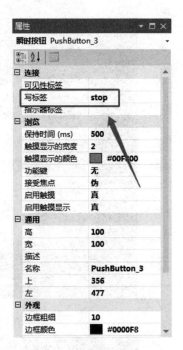

图 4-19 "停止"按钮属性设置对话框

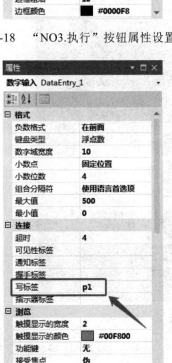

图 4-20 "请输入当前位置"窗口
属性设置对话框

图 4-21 "请输入目标位置"窗口
属性设置对话框

⑨ 在触摸屏上分别手动输入"当前位置"和"目标位置"信息之后,按顺序依次点击触摸屏上的"NO1.读取编码器"按钮、"NO2.运行"按钮和"NO3.执行"按钮,这时滚珠丝杠的滑台会从当前位置出发,向左或者向右移动,直到移动到目标位置的时候就停止移动,操作画面如图 4-23 所示;

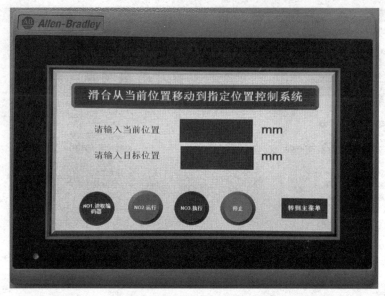

图 4-22　2711R-T7T 执行操作界面设计程序的画面

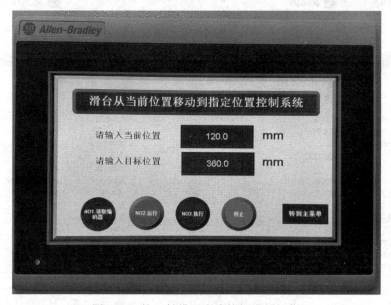

图 4-23　按下触摸屏应该按钮进行操作

⑩ 在滑台移动的过程，用户可随时按下停止按钮，使滑台在任意位置停止移动。本项目实践到此结束。

4.4　滑台循环往复运动并自动返回原点控制

（1）项目实践名称

滑台循环往复运动 3 次后自动返回原点控制。

（2）控制要求

① 触摸屏上设置一个读取编码器的按钮、一个启动按钮、一个停止按钮、一个当前位

置的输入窗口、一个当前工作频率显示窗口和一个循环次数的显示窗口。

② 在触摸屏的当前位置窗口输入滑台指针的当前位置信息，分为两种情况，第一种情况，当滑台指针在光电传感器 1 和光电传感器 2 之间的时候，按下启动按钮，电动机以 15Hz 的频率反转，带动滑台向右移动，当经过光电传感器 2 的时候，电动机提速到 25Hz，继续反转，带动滑台向右移动；第二种情况，当滑台在光电传感器 2 和光电传感器 3 之间的时候，按下启动按钮之后，电动机直接以 25Hz 的频率反转，带动滑台向右移动。以上这两种情况，当滑台移动到光电传感器 3 的时候，电动机改为正转，向左仍然以 25Hz 的频率带动滑台移动，经过光电传感器 2 的时候，频率降到 15Hz 继续保持正转，滑台继续保持向左移动。当滑台经过光电传感器 1 的时候，电动机改为反转，仍然以 15Hz 的频率反转，直到经过光电传感器 2 的时候，频率才提升到 25Hz。如此往复循环 3 次之后，滑台指针重新回到坐标原点，停止移动；

③ 滑台移动的时候，通过触摸屏上的循环次数显示窗口，实时监测滑台的往复循环次数；通过当前工作频率显示窗口可以实时显示变频器驱动三相异步电动机工作的频率；

④ 按下停止按钮，滑台可以在任意位置停止移动；

⑤ 为了保证安全，在滚珠丝杠的左、右两端分别设置了一个限位开关，当滑台碰到任意一个限位开关的时候，均停止移动。

（3）项目实践步骤

① 按照如图 4-24 所示的要求，完成项目实践的线路安装；

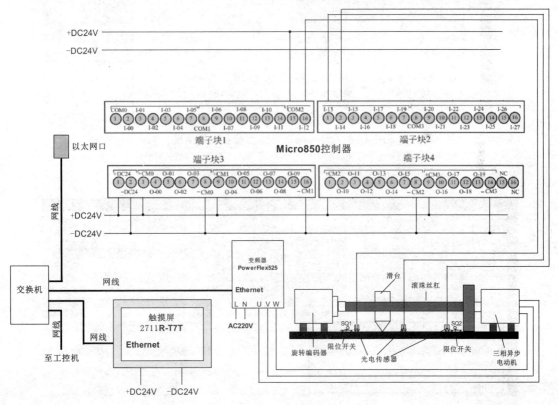

图 4-24　项目实践接线图

② 在 CCW 软件下，建立如图 4-25 所示的局部变量，并按图示的要求，对相关局部变量进行赋值。其中"h_app"的局部变量及赋值情况如图 4-26 所示；

名称	别名	数据类型	维度	项目值	初始值	注释	字符串大小
▾ ▾ ▾	▾ ▾	▾ ▾	▾ ▾	▾ ▾	▾ ▾	▾ ▾	▾ ▾
⊞ RA_PFx_ENET_STS_CMD_1		RA_PFx_ENET ▾		...			
▸ IP		STRING ▾			'192.168.1.111'		16
stop		BOOL ▾					
start		BOOL ▾					
FWD		BOOL ▾					
REV		BOOL ▾					
⊞ HSC_1		HSC ▾		...	...		
h_cmd		USINT ▾			1		
⊞ h_app		HSCAPP ▾		...	...		
⊞ h_sts		HSCSTS ▾		...			
⊞ h_data		PLS ▾	[1..1]	...			
acchsc		REAL ▾					
CENTER		REAL ▾			240.0		
L		BOOL ▾					
⊞ CTU_1		CTU ▾		...	...		
A1		REAL ▾					
＊		▾					

图 4-25　局部变量及赋值情况

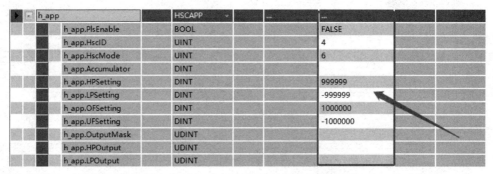

▸ － h_app		HSCAPP ▾		...	...		
	h_app.PlsEnable		BOOL		FALSE		
	h_app.HscID		UINT		4		
	h_app.HscMode		UINT		6		
	h_app.Accumulator		DINT				
	h_app.HPSetting		DINT		999999		
	h_app.LPSetting		DINT		-999999		
	h_app.OFSetting		DINT		1000000		
	h_app.UFSetting		DINT		-1000000		
	h_app.OutputMask		UDINT				
	h_app.HPOutput		UDINT				
	h_app.LPOutput		UDINT				

图 4-26　"h_app"局部变量及赋值情况

③ 建立如图 4-27 所示的全局变量并注意全局变量的数据类型；

名称	别名	数据类型	维度	项目值	初始值	注释	字符串大小
	▾ ▾	▾ ▾	▾ ▾	▾ ▾	▾ ▾	▾ ▾	▾ ▾
_IO_EM_DI_20		BOOL ▾					
_IO_EM_DI_21		BOOL ▾					
_IO_EM_DI_22		BOOL ▾					
_IO_EM_DI_23		BOOL ▾					
_IO_EM_DI_24		BOOL ▾					
_IO_EM_DI_25		BOOL ▾					
_IO_EM_DI_26		BOOL ▾					
_IO_EM_DI_27		BOOL ▾					
button_stop		BOOL ▾					
speed		REAL ▾					
position1		REAL ▾				起始位置	
button1		BOOL ▾					
button2		BOOL ▾					
CISHU		DINT ▾					

图 4-27　全局变量

④ 编写项目实践所需的梯形图程序，如图 4-28、图 4-29 和图 4-30 所示；

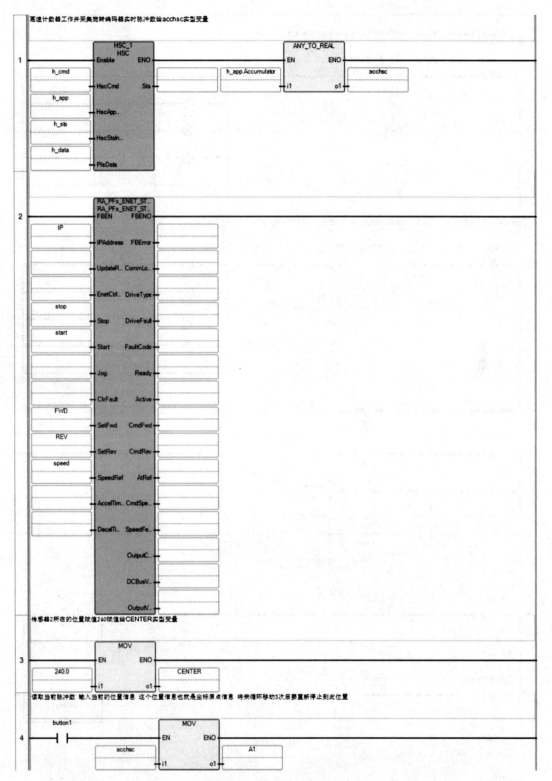

图 4-28　梯形图程序（1）

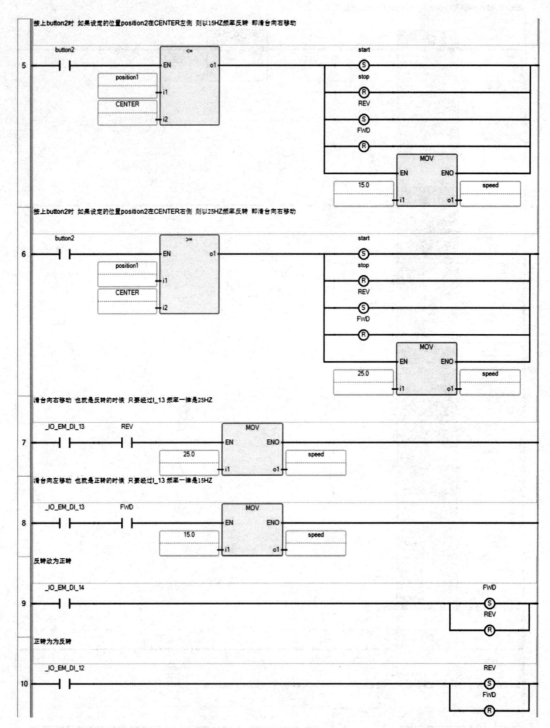

图 4-29 梯形图程序（2）

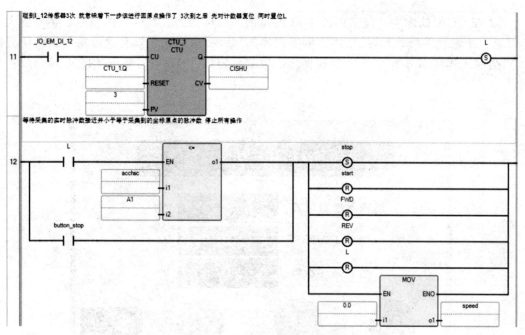

图 4-30　梯形图程序（3）

⑤ 在触摸屏设计项目中，建立如图 4-31 所示的标签；

标签名称	数据类型	地址	控制器	描述
button1	Boolean	button1	PLC-1	
button2	Boolean	button2	PLC-1	
stop	Boolean	button_stop	PLC-1	
p1	Real	position1	PLC-1	
p2	Real	position2	PLC-1	
CISHU	16 bit integer	CISHU	PLC-1	
PINLV	Real	speed	PLC-1	

图 4-31　触摸屏标签设置

⑥ 继续完成触摸屏的其他设置，如图 4-32 所示；

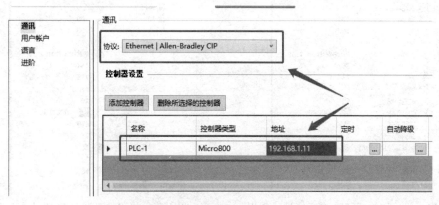

图 4-32　触摸屏其他设置

⑦ 在 CCW 软件中，建立如图 4-33 所示的触摸屏操作界面（字体颜色、字号的大小等可进行个性化的修改）。按钮"读取编码器""启动""停止"以及"请输入当前位置窗口""当前工作频率显示窗口""当前循环次数显示窗口"的属性对话框如图 4-34～图 4-39所示；

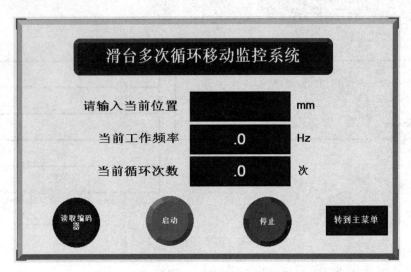

图 4-33　触摸屏操作界面

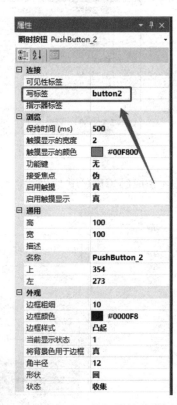

图 4-34　"读取编码器"按钮属性设置对话框　　图 4-35　"启动"按钮属性设置对话框

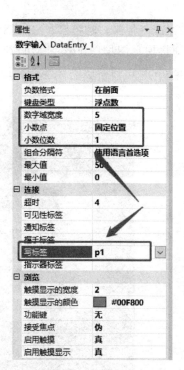

图 4-36 "停止"按钮属性设置对话框　　图 4-37 "请输入当前位置"窗口属性对话框

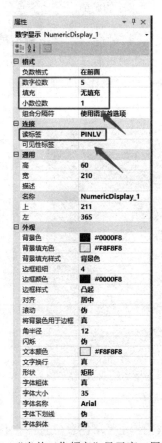

图 4-38 "当前工作频率"显示窗口属性对话框　　图 4-39 "当前循环次数"显示窗口属性对话框

⑧ 在保证变频器、触摸屏、Micro850 控制器及工控机可以正常地进行以太网通讯的情况下，分别将梯形图程序下载到 Micro850 控制器中；将触摸屏设计界面下载到触摸屏中。先运行 Micro850 控制器中的梯形图程序，再运行触摸屏中的操作界面设计程序，如图 4-40 所示；

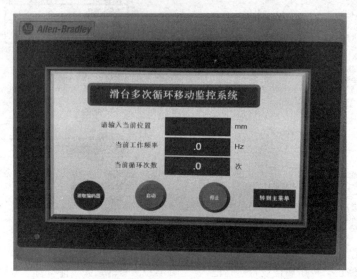

图 4-40　2711R-T7T 执行操作界面设计程序的画面

⑨ 在触摸屏上分别手动输入"当前位置"信息之后，按顺序依次点击触摸屏上的"读取编码器"按钮和"启动"按钮之后，滚珠丝杠的滑台就开始进行 3 次往复循环。直到 3 次移动过程完成之后，滑台重新回到坐标原点处停止移动，部分操作画面如图 4-41～图 4-44 所示；

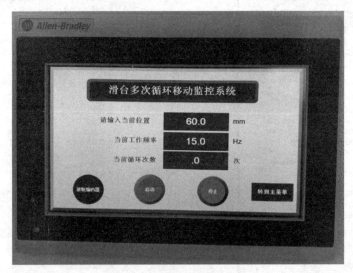

图 4-41　以 15Hz 的频率启动

⑩ 在滑台移动的过程，用户可随时按下停止按钮，使滑台在任意位置停止移动。本项目实践到此结束。

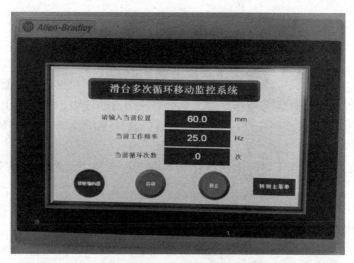

图 4-42　以 25Hz 的频率转动

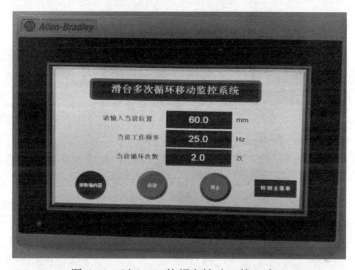

图 4-43　以 25Hz 的频率转动（第 2 次）

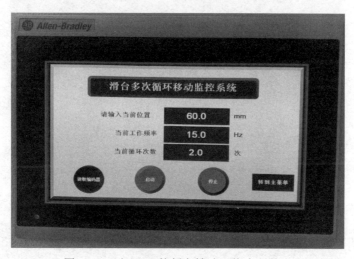

图 4-44　以 15Hz 的频率转动（停止之前）

习题 4

1. 效仿项目实践 3，完成滑台在滚珠丝杠的光电传感器 1 和光电传感器 3 之间的往复循环运动。要求：设计一个触摸屏操作界面（至少有一个启动按钮、一个停止按钮和一个循环次数的显示窗口），完成系统的控制，当滑台向右移动时，频率为 30Hz，当滑台向左移动时，频率为 10Hz，循环 5 次后停止。

2. 滚珠丝杠两端限位开关的作用是什么？有几种实现方式？哪种方式比较好？说明原因。

3. 项目实践 1 中，为什么必须要读取旋转编码器的实时脉冲数？

4. 在综合性较强的项目实践中，为什么要分别使用局部变量和全局变量？

第5章

温度风冷被控对象的应用

5.1 温度风冷过程控制相关理论知识

5.1.1 温度风冷控制对象产品

　　温度风冷过程控制被控对象的产品型号是 LGTABPC15，如图 5-1 所示。用以配套罗克韦尔模拟量 Micro820 控制器（型号为 2080-LC20-20QBB）。被控对象具备专用接口，与罗克韦尔公司生产的具有模拟量处理功能的 Micro820 控制器及 2711R-T7T 工业触摸屏连接，实现远程监控。

图 5-1　温度风冷被控对象

温度风冷被控对象是以工业企业中央空调控制为背景设计的适合于教学使用的过程控制系统模型，精简了标准工业设计的结构，以罗克韦尔模拟量 Micro820 为控制核心，并安装了铠装热电偶、大功率半导体制冷器件以及水冷系统用于模拟工业中的吸收式制冷机。该系统独特的半导体制冷核心配合水冷循环系统具有强大的制冷能力，对被控对象迅速制冷并保持温度恒定在 8℃。

该控制系统遵循工业标准，支持 0～10V 模拟信号；支持 Ethernet/IP、Modbus、RS-232、RS-485 等通讯协议以及多重回路的 PID 控制；支持 IEC1131-3 的多种编程语言。该对象包含工业级热电偶温度计、空气循环降温设备。热电偶温度计可直接测量各种生产中的温度，测量范围从 0℃到 100℃。它可以测量液体蒸汽和气体介质以及固体的表面温度，并把实时数据反馈给 Micro820 控制器。通过水泵把循环液输送到换热器，再由电压为 5V 的风扇将冷风吹入密封空间，实现对密封空间的制冷，在室温为 40℃左右的状态下，封闭空间内的温度不高于 8℃，最长降温时间不超过 20 分钟。

5.1.2　温度风冷被控对象功能解析

① 工业热电偶量程：0～100℃，模拟量电压值 0～10V（且呈线性关系）；

② 型号为 2080-LC20-20QBB 的 Micro820 控制器，其模拟量的范围是 0～20mA，模拟量值的范围是 0～4095，对应的温度测量范围是 0～100℃；

③ 综上可得公式：模拟量值÷40.95=温度。（模拟量值可通过 ANY_TO_REAL 功能块转化为 REAL 型数据，才可参与上面的运算）。

5.2　基于模拟量 PLC 的温度风冷过程控制

（1）项目实践名称

基于模拟量 PLC 的温度风冷过程控制。

（2）控制要求

① 将罐体内的温度稳定在 20℃，并通过触摸屏实现监控；

② 当前程序需要具有模拟量处理功能的 Micro820 控制器（型号为 2080-LC20-20QBB）和触摸屏，在保持 Micro820 控制器的梯形图程序处于运行模式的条件下进行操作；

③ 点击触摸屏上的"读取温度"按钮，触摸屏界面上的趋势图中会显示当前罐体温度；输入设定温度后，点击"开启降温"运行降温系统。

（3）项目实践步骤

① 按照如图 5-2 所示的要求，完成项目实践的线路安装；

② 在 CCW 软件中建立如图 5-3 所示的局部变量，并注意选择局部变量的"数据类型"；

③ 建立如图 5-4 所示的全局变量并注意选择全局变量的"数据类型"；

④ 编写项目实践所需的梯形图程序，如图 5-5 所示；

⑤ 在触摸屏设计项目中，建立如图 5-6 所示的标签并注意标签的"数据类型""地址"和"控制器"；

⑥ 继续完成触摸屏的其他设置，如图 5-7 所示；

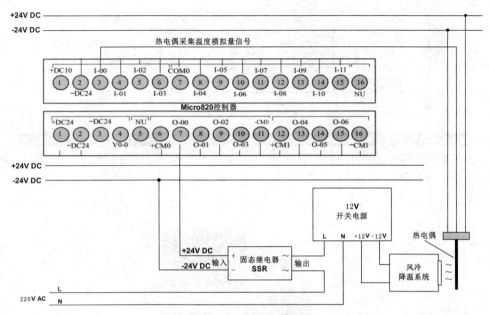

图 5-2　项目实践接线图

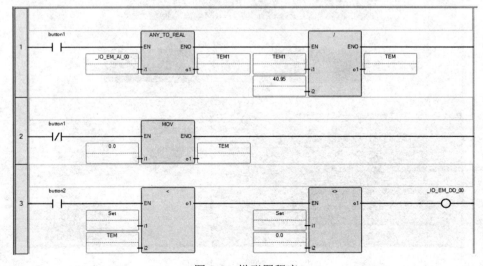

图 5-3　局部变量

图 5-4　全局变量

图 5-5　梯形图程序

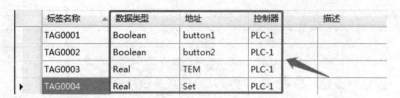

图 5-6 触摸屏标签

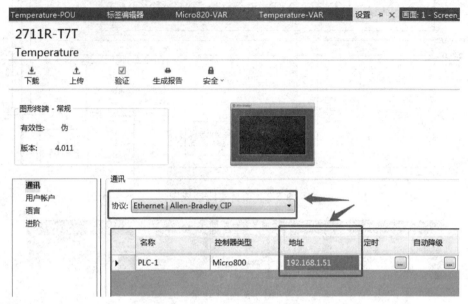

图 5-7 触摸屏其他设置

⑦ 在 CCW 软件中，建立如图 5-8 所示的触摸屏操作界面（字体颜色、字号的大小等可根据进行个性化的修改）。按钮"读取温度""开启降温"以及"当前温度"显示窗口、"设定温度"输入窗口以及"趋势图"显示窗口的属性对话框如图 5-9～图 5-14 所示；

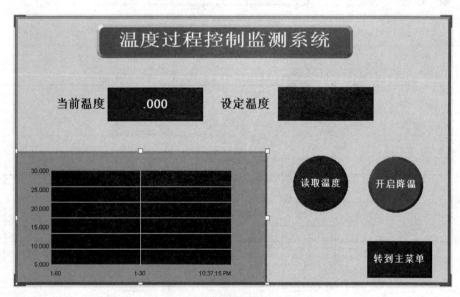

图 5-8 触摸屏操作界面

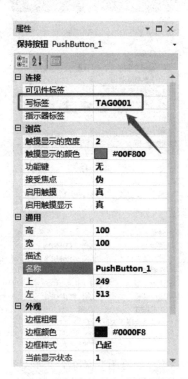

图 5-9 "读取温度"按钮属性设置对话框

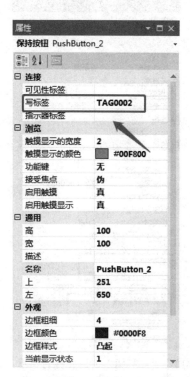

图 5-10 "开启降温"按钮属性设置对话框

图 5-11 "当前温度"显示窗口属性设置对话框

图 5-12 "设定温度"输入窗口属性对话框

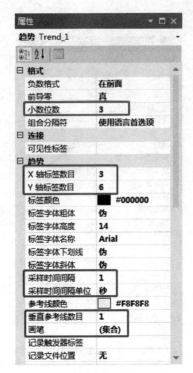

图 5-13　"趋势图"窗口属性对话框（1）　　　图 5-14　"趋势图"窗口属性对话框（2）

⑧ 在保证触摸屏、Micro820 控制器及工控机可以正常地进行以太网通讯的情况下，分别将梯形图程序下载到 Micro820 控制器中；将触摸屏设计界面下载到触摸屏中。先运行 Micro820 控制器中的梯形图程序，再运行触摸屏中的操作界面设计程序，如图 5-15 所示；

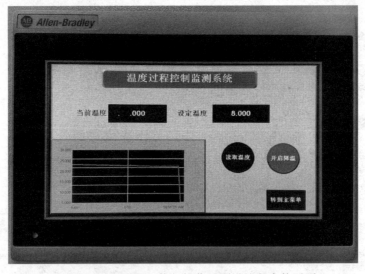

图 5-15　2711R-T7T 执行操作界面设计程序的画面

⑨ 在触摸屏上点击"读取温度"按钮，并输入"设定温度"信息之后，点击触摸屏上的"开始降温"按钮后，风冷降温系统开始工作，在趋势图上可以实时显示当前降温情况。如图 5-16～图 5-18 所示；

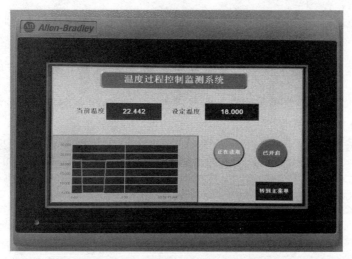

图 5-16　已经读取当前温度并开始降温

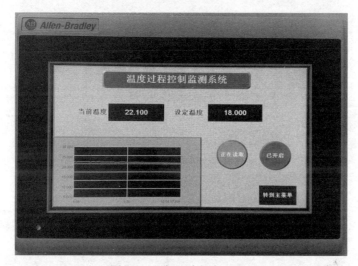

图 5-17　降温过程中（1）

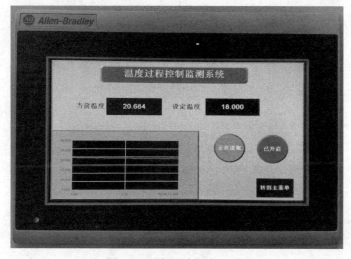

图 5-18　降温过程中（2）

⑩ 当温度下降到 8℃ 左右的时候，温度基本保持恒定。本项目实践到此结束。

习题 5

1. 项目实践中，热电偶采集到温度信息送入到 Micro820 控制器后，需要进行何种转换，才能被 Micro820 控制器使用？

2. 为什么在"读取温度"按钮没有被按下的时候，触摸屏上显示的温度为"0"？

3. 在编辑"趋势图"属性对话框时，应该重点注意哪些内容？

参 考 文 献

[1] 王华忠. 工业控制系统及应用[M]. 北京: 机械工业出版社, 2019.

[2] 钱晓龙, 谢能发. 循序渐进 Micro800 控制系统[M]. 北京: 机械工业出版社, 2015.

[3] 钱晓龙, 李晓理. Micro800 控制系统[M]. 北京: 机械工业出版社, 2013.